Emilian Czyrnianski

Chemische Theorie auf der rotierenden Bewegung der Atome basiert, kritisch entwickelt

Emilian Czyrnianski

Chemische Theorie auf der rotierenden Bewegung der Atome basiert, kritisch entwickelt

ISBN/EAN: 9783743642133

Hergestellt in Europa, USA, Kanada, Australien, Japan

Cover: Foto ©ninafisch / pixelio.de

Weitere Bücher finden Sie auf **www.hansebooks.com**

CHEMISCHE

THEORIE

auf der

rotirenden Bewegung der Atome basirt,

kritisch entwickelt

von

Dr. EMIL CZYRNIAŃSKI

Professor der Chemie an der Jagellonischen Universität.

Zweite vermehrte Auflage.

KRAKAU
in der Buchdruckerei der k. k. Universität.
Provisor Konst. Mańkowski.
1870.

VORWORT.

Seit dem Jahre 1861 trage ich die unorganische wie die organische Chemie an der Krakauer Universität nach meiner Theorie in atomisch-molekularen Formeln vor. In Juni 1862 bin ich in der Sitzung der Krakauer gelehrten Gesellschaft zum ersten Male mit dieser meiner Theorie aufgetreten. Mein diessfälliger Vortrag findet sich in den Jahresberichten dieser Gesellschaft unter dem Titel: „*Teoryja tworzenia się połączeń chemicznych na podstawie ruchu wirowego atomów*" wie alle nachfolgenden Abhandlungen meine Theorie betreffend, gedruckt vor. Es folgte im Oktober 1862 die Abhandlung: „*Dalsze rozwinięcie teoryi tworzenia się połączeń chemicznych na podstawie ruchu wirowego atomów.*" Ferner erschienen drei Broschüren in der deutschen Sprache, die erste im Februar, die zweite im Juni 1863 und die dritte im März 1864, in welcher ich meine Theorie durch alle unorganischen Verbindungen in allgemeinen Formeln durchführte. Im Jahre 1865 erschien die Abhandlung: „*Teoryja chemiczna oparta na ruchach wirowych niedziałek.*" Sodann im Jahre 1866 ein ausführliches Werk über unorganische und im Jahre 1867 über organische Chemie, wie auch das Werk meines damaligen Assistenten Herrn Theodor Hoff: „*Chemia rozbiorcwa jakościowa.*" nach meiner Theorie durchgeführt. Da jedoch meine Thorie ungeachtet so vieler Veröffentlichungen bis nun der erwünschten Kritik nicht unterzogen wurde, und einige meiner Collegen an der Jagellonischen Universität sie mündlich als irrig erklärten; so trat ich im Oktober 1867 in der Sitzung der Krakauer gelehrten Gesellschaft mit einer neuen Abhandlung: „*Niektóre uwagi nad teoryją chemiczną opartą na ruchach wirowych niedziałek.*" auf, in der ich die Gegner meiner Theorie zur öffentlichen Bekämpfung derselben aufforderte. Dieser Aufforderung entsprach

Herr Dr. KUCZYŃSKI Professor der Physik, indem er seine Einwendungen in der Abhandlung „*Niektóre uwagi nad teoryją chemiczną Prof. Dra Czyrniańskiego 1868*" niederlegte, die ich, wie ich glaube, kritisch wiederlegte und in meiner Erwiederung „*Rozwinięcie krytyczne teoryi chemicznéj opartéj na ruchach wirowych niedziałek; oraz odparcie zarzutów przez prof. Dra Kuczyńskiego téjże uczynionych*" als ganz ungegründet und irrthümlich zurückwies. Diese meine letzte Abhandlung für das deutsche Publikum umgearbeitet, übergebe ich hiemit der Oeffentlichkeit in der Hoffnung, dass dazu befähigte Chemiker meine Theorie einer eingehenden Kritik unterziehen werden, wodurch der Wahrheit und der Wissenschaft nur gedient sein kann.

Krakau, September 1868.

Vorwort zur zweiten Auflage.

Die erste Ausgabe war nur in 150 Exemplare gedruckt und in kurzer Zeit erschöpft, so dass sie nicht einmal im Buchhandel erschien. Da ich aber im Interesse der Wissenschaft eine grössere Verbreitung meiner Theorie für wünschenswerth erachte, so übergebe ich dieselbe hiemit durch Zuzätze vervollständigt und bedeutend erweitert in dieser zweiten Ausgabe der Oeffentlichkeit zur reiflichen Begutachtung in der Ueberzeugung, dass eine chemische Theorie, welche das in so grosser Menge angehäufte chemische Material ordnen und die unerklärten Thatsachen erklären könnte, namentlich: warum die Körper nur in bestimmten Verhältnissen sich chemisch verbinden, worauf die chemische Affinität beruht, u s. w. ein grosses Bedürfniss der Wissenschaft sei.

Krakau, im April 1870.

Die Physik erforscht die Eigenschaft der Körper im Allgemeinen und leitet aus denselben die Gesetze der Natur ab. So z. B. untersucht der Physiker die Eigenschaften des Eisens auf physikalischem Wege und gelangt so zu der Endüberzeugung, dass das Eisen zuletzt aus untheilbaren Theilchen zusammengesetzt ist, welche Eisen-Moleküle genannt werden, — dass diese Moleküle sich unter einander in beliebiger Quantität vereinigen können, hiebei jedoch nicht unmittelbar mit einander verbunden, sondern in einer gewissen Entfernung von einander gelagert und deren Zwischenräume mit Aether ausgefüllt sind.

So stellt sich der Physiker die letzten Theile des Eisens vor, und ist hiemit an der letzten Gränze seiner Forschung angelangt; denn kleinere Theile des Eisens als dessen Moleküle kennt er nicht — über die Moleküle des Eisens hinaus besteht kein Eisen mehr.

Weiter kann der Physiker in seinen Forschungen nicht gelangen, und selbst in der Erklärung seiner endlichen Resultate geräth er auf Abwege, da ihm als Physiker die Basis solcher Betrachtungen fehlt. Die allgemeinen Eigenschaften der Körper zwingen ihn zur Annahme, dass die Moleküle des Eisens in einer gewissen Entfernung von einander gelagert sind, den Grund davon aber vermag er nicht fest zustellen. So vermuthen einige Physiker, dass die Moleküle aller Körper d. i. die Theile, die mechanisch nicht weiter getheilt werden können, zugleich Abstossungs- und Anziehungskraft besitzen; Andere aber behaupten, dass ein solcher Widerspruch in der Natur unmöglich ist, und nehmen an, dass die Moleküle aller Körper von einer Aetherhülle umgeben sind, ferner dass jene blos eine Anziehungs-, diese (die Aethertheilchen) eine Abstossungskraft besitzen, und endlich, dass zwischen den Molekülen der Körper und denen des Aethers nach Einigen eine Anziehung nach Anderen wiederum eine Abstossung existirt. — Alle diese Behauptungen erklären weder die physikalischen noch die chemischen Erscheinungen genügend, und sind schon in der 'Annahme selbst unzulässig und irrig. Um dies zu beweisen, genügt es die Eigenschaften des Aethers einer kurzen Betrachtung zu unterziehen.

Wir wissen, dass der Körper, welchen wir Weltäther nennen, seiner Natur nach eine bedeutend grössere Subtilität besitzt, als alle chemischen Elemente, und dass er wie jeder andere Körper aus Molekülen bestehen muss. Da aber die Moleküle für den Physiker untheilbar sind, so müssten wir, in Folge weiterer Konsequenz, zwei verschiedene Arten der Materie annehmen, so dass die Moleküle der Einen eine Anziehungskraft, der Anderen aber eine Abstossungskraft besässen. Diese Letzteren, nämlich die Aethertheilchen, wenn sie unter einander nur mit einer Abstossungskraft begabt wären, müssten demnach im unbegrentzten Weltraume dahin streben, sich immer weiter von einander zu entfernen. Dass aber ein solcher Aether, dessen Theilchen nicht die geringste Anziehung unter einander besässen, weder elastisch sein, noch solche Vibrationen annehmen könnte, wie sie dem Physiker zur Erklärung verschiedener Erscheinungen des Lichtes, der Wärme, Elektrizität u. a. m. nothwendig sind, ist leicht begreiflich, und kein denkender Physiker wird den Bestand eines derartigen Aethers zugeben.

Schon aus diesen allgemeinen Betrachtungen ergibt sich, dass die Physik ihrer Natur nach sehr viele Fragen aufzulösen nie im Stande sein wird — dass sie ihr Wissen über die Natur der Körper nur bis zu einem gewissen Punkte ausdehnen kann — dass sie daher alle Gesetze der Natur zu erforschen nicht vermag, sondern nur jene, welche sie innerhalb ihres streng abgeschlossenen Wirkungskreises abzuleiten und zu erklären berufen ist.

Es entsteht nun die Frage: ob eine Wissenschaft besteht, welche ein anderes Gebieth des Forschens hätte, und zugleich die menschlichen Kenntnisse in dieser Richtung weiter fördern könnte als die Physik und alle anderen Wissenschaften, die mit derselben ein gemeinschaftliches Gebiet des Forschens haben?

Diese Frage muss bejahend beantwortet werden. Eine solche Wissenschaft besteht, es ist die Chemie. Der Chemiker fängt ja dort seine Forschungen an, wo der Physiker aufhört. Für den Physiker sind die Moleküle die Grenze seiner Untersuchungen: der Chemiker aber fängt seine Betrachtungen eben mit den Molekülen an, denn die Chemie ist die Lehre von den stofflichen Metamorphosen der Körper. Der Chemiker nimmt wahr, dass bei der Veränderung der Beschaffenheit eines Körpers seine Moleküle sich nach ganz anderen Gesetzen mit einander verbinden, als die Physik lehrt, und man unterscheidet schon längst die Gesetze der Physik von denen der Chemie. Die Grundlage der physikalischen Gesetze ist, wie wir wissen, die Anziehungskraft, die Ursache aber der chemischen Erscheinungen ist bis nunzu nicht eutdeckt. Nach dem Vorausgeschickten ist der Physiker genöthigt in den Körper Moleküle anzunehmen, welche für ihn untheilbar, gleichartig sind, sich in beliebigen Quantitäten zu einer grösseren Masse desselben Körpers verbinden, und welche wir physikalische Theilchen der Körper nennen. — Der Chemiker dagegen ist auf dem Gebiethe seiner' Vorschungen zu der Ueberzeugung gelangt, dass die Moleküle noch aus weiteren Theilchen bestehen, (so z. B. die Moleküle des Sauerstoffes aus zwei gleichartigen Theilchen, welche Radikale des Sauerstoffs oder chemische Theilchen benannt werden); ferner, das bei der Verbindung mit anderen Körpern nicht die Moleküle des Sauerstoffs als solche sich verbinden, sondern deren Radikale, und zwar in einem gewissen unveränderlichen Verhältnisse—nach der sogenannten chemischen Verwandschaft (Affinität), deren Ursache man aber bis nunzu zu ergründen nicht vermochte. Daraus ist ersichtlich, dass die Radikale einer ganz anderen Cathegorie angehören, als die Moleküle; diese nämlich vereinigen sich mit einander in beliebigen Quantitäten, die Radikale dagegen nur in gewissen, bestimmten Verhältnissen.

Zur besseren Erklärung der Thatsache, dass die Moleküle einer ganz anderen Cathegorie als die Radikale angehören, und anderen Gesetzen unterliegen, möge das nachstehende Beispiel dienen. Der kohlensaure Kalk besteht aus den mechanisch schon untheilbaren Molekülen, welche sich unter einander in beliebiger Quantität vermittelst der Anziehungskraft zu einer immer grösseren Masse des kohlensauren Kalkes verbinden. Der Chemiker beweiset aber, dass die Moleküle des kohlensauren Kalkes chemisch aus ${CO \atop Ca}\}O_2$ zusammengesetzt sind, d. i. aus einem Radikale— Carbonoil (CO), welches vermittelst zweier Radikale des Sauerstoffs (O_2) mit einem Radikale des Calciums (Ca) verbunden ist. Die Existenz des Carbonoils wie auch aller anderen Radikale ist in der Chemie hinlänglich bewiesen, denn sie können aus einer Verbindung in eine andere gebracht werden. Diese Radikale verbinden sich mit einander nur in einem gewissen Verhältnisse nach dem chemischen Gesetze, dessen Ursache man his zu der Zeit nicht kannte,— also anders als die Moleküle. Wir wissen, dass die Radikale nicht so wie die Moleküle im freien Zustande neben einander existiren können, und nur in chemischen Verbindungen sind sie als solche bekannt; sie haben daher keine physikalische Existenz in dem Sinne, wie die Moleküle. Beim Erhitzen zerfällt der kohlensaure Kalk in das Anhydrid der Kohlensäure (CO_2) und in Calciumoxyd (CaO), nach der Gleichung:

$$\left.\begin{array}{l} CO \\ Ca \end{array}\right\} O_2 = CO_2, \; CaO.$$

Hier also bilden nicht die Radikale des kohlensauren Kalks als solche neue Körper, sondern die Radikale des Moleküls verbinden sich chemisch in einem gewissen Verhältnisse mit einander und bilden so zwei neue Körper. Die Moleküle des Einen dieser Körper bestehen aus CO_2, die des Anderen aus CaO. Das Anhydrid der Kohlensäure kann weiter vermittelst chemischer Reagentien in Sauerstoff.—(dessen Moleküle, wie uns die Chemie lehrt, aus zwei Radikalen des Sauerstoffs (O_2) zusammengesetzt sind), — und in Kohlenstoff zertheilt werden. Den Sauerstoff hingegen, obwohl dessen Moleküle aus zwei Radikalen bestehen, welche von einander getrennt und in chemische Verbindungen gebracht werden können, war man bis nunzu nicht im Stande in derartige neue Körper zu zerlegen, deren Moleküle die Radikale der Sauerstoffs-Radikalen in sich enthielten. .

Dieses Beispiel ist nur deshalb angeführt worden, um zu zeigen, wie die chemischen Zersetzungen vor sich gehen, wie auch um klar zu machen, dass die Radikale nicht zu derselben Cathegorie gehören, wie die Moleküle. denn sie unterliegen ganz anderen Gesetzen.

Der Kohlensäure Kalk zerfällt zwar in höherer Temperatur in Kohlensäure und Kalk und kann auch durch Einleiten der Kohlensäure in Kalk erzeugt werden; kann dessen ungeachtet nicht als eine Verbindung, entstanden aus der Anziehung der kleinsten Theile der Kohlensäure mit denen des Kalkes als $CO_2 + CaO$ betrachtet werden und zwar aus folgenden Gründen. (*)

1) Weil die Anziehung die Körper-Theile in beliebigen Verhältnissen zu verbinden im Stande ist, wie wir dies bei allen mechanischen Verbindungen kennen; hier aber haben wir eine chemische Verbindung, wo die Bestandtheile in einem gewissen bestimmten Verhältnisse verbunden sind, also kann die Verbindung der CO_2 mit CaO nicht auf der blossen Anziehung beruhen, wie dies die Formel $CO_2 + CaO$ andeutet.

2) Weil wir wissen, dass sehr viele Körper nicht als solche sich mit anderen Körpern chemisch verbinden, sondern nur deren Theile, die

---

man Radikale nennt. Und selbst in den Fällen, wo die Körper als solche sich mit den anderen chemisch zu verbinden scheinen, wissen wir, dass deren Moleküle erst zu Radikalen werden, und erst diese—als solche—verbinden sich chemisch mit Radikalen anderer Körper, z. B. Elail C_2H_4 bildet mit Chlor Aetylenchlorid $\left. \begin{array}{c} C_2H_4 \\ Cl_2 \end{array} \right\}$ —

Die Auffindung der Molekularformeln der Körper ist ein grosser Fortschritt der Chemie. Leider sind noch bei vielen Körpern dieselben ganz unsicher, und wir kennen bis zu der Zeit nur wenige Anhaltspunkte, die uns andeuten, ob wir die Erfahrungsformel verdoppeln, verdreifachen u. s. w. sollen um die richtigen Molekularformeln zu erhalten; jedoch nur mittelst der genauen Kenntniss der Molekularformeln werden wir mit der Zeit im Stande sein, die Ursache aller Erscheinungen der Körper, namentlich auch der Kristallisation, zu erkennen. Die Molekularformeln machen auch das Studium der Chemie viel leichter, indem sie das Gedächtniss nicht in dem Masse in Anspruch nehmen, wie die Aequivalentformeln.

Der Chemiker kennt einige chemische Elemente in verschiedenen allotropischen Zuständen, wie z. B. den Sauerstoff (O_2), welcher auch als Ozon (O_3) bekannt ist. Hier beruht die Verwandlung des Sauerstoffes in Ozon nur auf der chemischen Verbindung einer grösseren Anzahl der Radikale des Sauerstoffs. Die Radikale des Sauerstoffes als auch des Ozons geben mit anderen Körpern ganz gleichartige Sauerstoffverbindungen.

Ganz anders verhält sich die Sache beim Phosphor. Der gewöhnliche Phosphor ist gestaltlos oder auch kristallisirt, leuchtet im Dunkeln, hat einen eigenthümlichen Geruch, entzündet sich in der Luft schon bei 60 C⁰, ist sehr giftig und löset sich leicht in einigen Flüssigkeiten auf. Der rothe Phosphor aber ist gestaltlos, leuchtet im Dunkeln nicht, hat keinen Geruch, nicht einmahl bei erhöhter Temperatur, entzündet sich erst in der Hitze von 260⁰ und in dieser verwandelt er sich in den gewöhnlichen Phosphor; ist nicht giftig, löset sich selbst nach längerer Zeit in jenen Flüssigkeiten, in welchen der Erstere auflöslich ist, nicht auf. Den Unterschied zwischen diesen zwei Phosphorarten kann man auf keinen Fall; weder durch einen grösseren oder geringeren Zusammenhang der einzelnen Phosphormoleküle, noch durch eine grössere Anzahl der in einem Moleküle gewisser Phosphorarten enthaltenen Radikale (wie z. B. beim Ozon), erklären; denn wir wissen, dass die Radikale des gewöhnlichen Phosphors mit anderen Körpern (wie z. B. mit Schwefel) andere chemische Verbindungen geben, als die Radikale des rothen Phosphors. Die Radikale des gewöhnlichen, so wie auch die des rothen Phosphors können sich je nach den Umständen in verschiedenen, jedoch immer in gewissen Verhältnissen verbinden, oder anders gesagt, sie können ihre unpaarige Atomität in Verbindungen ändern. Hieraus ergibt sich die nothwendige Folgerung, dass die Radikale des Phosphors aus verschiedenartigen Theilchen zusammengesetzt sein müssen, denn Radikale in ihrem Wesen gleichartig und untheilbar, könnten unmöglich ihre Eigenschaften als solche wechseln und in verschiedener Atomität hervortreten. Diese Bemerkungen beziehen sich nicht nur auf den Phosphor, sondern können bei sehr vielen chemischen Elementen ihre Anwendung finden. Uebrigens halten alle Chemiker die chemischen Elemente für Körper, welche man nur mit den gegenwärtigen Kenntnissen und Mitteln nicht weiter zu zerlegen vermochte; es ist aber noch Niemanden eingefallen zu behaupten, dass die chemischen Elemente schlechterdings chemisch weiter nicht zerlegt werden können.

Wie also der Physiker durch seine Nachforschungen zu der Folgerung gelangt, dass die Körper aus immer kleineren Theilchen zusammengesetzt sind, und endlich aus Molekülen desselben Körpers, die physisch nicht mehr getheilt werden können; so gelangt auch der Chemiker auf Grundlage seiner chemischen Forschungen zu der Ueberzeugung, dass die chemischen Elemente zusammengesetzte Körper, aus verschiedenartigen Theilchen bestehend, sein müssen, obwohl man sie bis jetzt chemisch zu zerlegen nicht vermochte.

Da wir nach dem Obengesagten genöthigt sind die Elemente als chemisch zusammengesetzte Körper anzunehmen, so müssen wir auch zugeben, dass dieselben Verbindungen der n^{ten} Reihe (Ordnung) sind, welche bei einer weiteren chemischen Zersetzung, nach derselben Art wie wir bei dem kohlensauren Kalke (Seite 7) gezeigt haben, zuletzt Verbindungen der ersten Reihe geben müssen. Diese Verbindungen der ersten Reihe müssen aus Molekülen bestehen, welche den Molekülen der uns bekannten chemischen Elemente ähnlich in ihrer Zusammensetzung Radikale enthalten, welche jedoch schon weder physisch noch chemisch weiter theilbar sind, und Atome (Uratome) genannt werden.

Unsere Atome werden daher jene letzten Theilchen aller Körper sein, die absolut weder physisch noch chemisch weiter getheilt werden können.

Das Wort Atom erhält somit eine ganz andere Bedeutung als man ihm gewöhnlich gibt. Der Physiker stellt sich unter Atom die letzten physikalischen Theilchen eines chemischen Elements vor. Der Chemiker nennt die kleinsten Theilchen eines chemischen Elements, welche in den chemischen Verbindungen vorkommen, Atom. Was wir im ersten Falle Molekül, im zweiten Radikal nennen. Ich ersuche den Leser diesen Begriff von Atom sich fest zu halten, um bei der weiteren Entwicklung meiner Theorie mich nicht misszuverstehen.

Die Eigenschaften unserer Atome ergeben sich zum Theile aus dem oben abgeleiteten Begriffe derselben, zum Theile aus dem Begriffe von Materie und Kraft, zum Theile auch aus den Eigenschaften uns bekannter Körpertheilchen von derselben Cathegorie, und dies sind die Radikale uns bekannter Körper; denn unsere Atome, wie wir wissen, sind eigentlich Radikale, die jedoch weder physisch noch chemisch getheilt werden können.

1. Aus der Art, wie wir zu Atomen gelangten, können wir nur so viel entnehmen, dass sie die endlichen Resultate der physikalischen und chemischen Theilung darstellen; demnach müssen sie Etwas wirkliches, thätiges, chemisch und physikalisch absolut Untheilbares vorstellen.

2. Um aber aus dem Begriffe der Materie und Kraft einige Eigenschaften unserer Atome ableiten zu können, müssen wir uns vorerst über die Bedeutung der Begriffe Materie und Kraft verständigen.

Eigentlich kennen die Naturforscher nur die Eigenschaften der Körper. Materie und Kraft sind mehr philosophische Begriffe, an welche verschiedene Gelehrten, verschiedene Bedeutungen knüpfen, und zwar ist nur eine der folgenden Deutungen möglich:

a) Man kann sich die Materie als Etwas absolut träges (*materia iners*) vorstellen, in Verbindung mit einer Kraft d. i. mit etwas auch Selbstständigem, jedoch thätigem; wobei Materie und Kraft einzeln von einander getrennt existiren könnten. Dass aber ein solcher Dualismus logisch unzulässig ist, habe ich in meiner anorganischen Chemie (Seite 8) hinlänglich dargethan, denn man kann die Verbindung einer solchen Materie (d. i. Etwas absolut unthätigen) mit einer Kraft (d. i. mit Etwas thätigem) nicht begreifen, und eine solche Materie würde sich in den Verbindungen durch Nichts kund geben können.

b) Man könnte Beides, d. i. sowohl Materie als auch Kraft als selbstständige, thätige Prinzipe sich vorstellen, welche sich jedoch darin unterscheiden, dass die Materie weniger, die Kraft mehr wirkend und beide mit einander verbunden sind. Aber auch diese Vorstellung von der Materie und Kraft lässt sich nicht rechtfertigen, da man nicht annehmen kann, dass Etwas mehr Wirkendes mit Etwas weniger Wirkendem verbunden wäre, und die Grundlage aller im Weltraume befindlichen Körper bilde. Es wäre auch zwischen Materie und Kraft kein wesentlicher Unterschied vorhanden.

c) Es kann die Materie als an sich selbst wirkend, mit Nichts Fremdem verbunden und durch ihr eigenes Wirken sich bekundend, aufgefasst werden. In diesem Falle würde das, was wir Materie und Kraft nennen, eine wesentliche Einheit bilden, d. i. Materie und Kraft wäre eins und dasselbe — Etwas in der That wirkendes, in sich Nichts unthätiges, Fremdes einschliessend.

d) Man könnte endlich auch die Wirkung als Kraft, und die Ursache dieser Wirkung als Materie nehmen. In dieser Bedeutung hätte die Kraft keine selbstständige Existenz, und Materie und Kraft würden dann, wie bei *c)* gesagt, eine wesentliche Einheit vorstellen.

Nur diese vier Begriffe der Kraft und Materie sind möglich: wobei man entweder Kraft und Materie nach *a)* und *b)* als zwei verschiedene, selbstständige mit sich verbundene Prinzipe auffasst, oder die Kraft und Materie nach *c)* und *d)* als ein und dasselbe — nichts fremdartiges in sich habendes — wirkendes Etwas betrachtet.

Alle unsere Betrachtungen über das was man Materie und Kraft nennt, führen uns zu der Ueberzeugung: dass die Materie durch sich selbst wirkend ist, Nichts unwirkendes in sich enthält, — sich selbst durch ihre Wirkungen bekundet, dass daher das, was man Kraft nennt, eine wesentliche Eigenschaft der Materie ist, oder anders, dass Kraft und Materie eins und dasselbe sind.

Wenn daher Materie und Kraft wirklich eins und dasselbe ist — warum schuf man zwei abgesonderte Namen Kraft und Materie? Man bildete die Namen um seine Begriffe zu bezeichnen, weil man glaubte, dass in der Welt ein solcher Dualismus wirklich existirt. Jedoch gab es und gibt auch solche Denker, die weder eine solche Verbindung von etwas absolut Unwirkendem mit dem Wirkenden begreifen, noch zulassen, dass die Verbindung von Etwas schwach Wirkendem mit Etwas stark Wirkendem die Grundlage des Weltalls bilde.

Da nun nach dem Begriffe der Physiker ein Körper nichts anders ist, als ein bestimmt begränzter Theil der Materie, die Körper aber, wie wir oben gefunden haben, aus Molekülen, und diese zuletzt aus Atomen bestehen; so kann auch die Materie nur als ein Inbegriff von Atomen, und jedes Atom muss als eine Einheit von Kraft und Materie aufgefasst werden, daher wir diese Atome auch **Kraftkörper** nennen können. Und da ferner unsere Atome die allerletzten chemishen Theilchen der Körper sind; und Materie von den Körpern im Wesen sich nicht unterscheidet; so könnte man **die Materie als die verkörperte Kraft** ansehen.

3) Da die Atome, wie schon gesagt, eigentliche Radikale sind, und zwar solche, die weder physisch noch chemisch weiter getheilt werden können; Radikale aber im freien Zustande neben einander nicht existiren können; so müssen wir diese Eigenschaft auch unseren Atomen zuerkennen, und daher behaupten, dass sie ähnlich den Radikalen uns bekannter Körper in einer gewissen Annäherung im freien Zustande neben einander nicht verbleiben können ohne sich chemisch mit einander zu verbinden.

4) Die Atome haben wir als die letzten Bestandtheile aller Körper angenommen, die absolut weder physisch noch chemisch theilbar sind. Diese Uratome könnte man entweder als ihrem Wesen nach gleich oder als ungleich annehmen. Wir neigen uns der Ansicht zu, dass die Atome in ihrer Qualität und Quantität untereinander gleich sind, und zwar aus folgenden Gründen:

a) weil diess die einfachste Auffassung ist;

b) weil die Annahme eines einzigen Urstoffes allen chemischen Forschungen mehr entspricht und desshalb auch sehr viele Chemiker in neuester Zeit die Einheit der Materie als ganz bestimmt annehmen. Es hat auch noch kein Physiker uns die Verschiedenheiten der Materie gezeigt, und in jeder Physik haben wir die Eigenschaften nur einer Materie angegeben; auch alle Eigenschaften der Körper sprechen für die Einheit der Materie, da ihr Unterschied nur quantitativer Natur ist. Zwar will ein Chemiker aus der Eintheilung der chemischen Elemente in 5 Gruppen, fünf verschiedenartige Materien nachweisen; hat jedoch vergessen, dass die Eigenschaften dieser Gruppen nicht streng von einander geschieden werden können, sondern einen allmähligen Uebergang bilden, dass alle diese Elemente sehr viele allgemeine — ihnen gemeinschaftliche — Eigenschaften besitzen, dass man die Elemente nach dem Verhalten zu bestimmten Körpern auch in andere Gruppen eintheilen kann;

c) weil wir aus den Atomen, die untereinander in Qualität und Quantität gleich angenommen werden, auf eine ungezwungene Art die chemischen Verbindungen, wie auch die Ungleichartigkeit der daraus

entstandenen Körper erklären können. Mit einem Worte, weil diese
Auffassung uns zur Erklärung der chemischen und physikalischen Thatsachen genügt.

Wenn wir nach den obigen Auseinandersetzungen noch dies erwägen (wie es schon früher Seite 6 gesagt wurde), dass die Physik
ihre Gesetze aus den Eigenschaften der Körper (Materie) ableitete und
die endliche Gränze dieser die Moleküle sind, dass ferner unsere Atome
keine physikalischen Körpertheilchen darstellen, weil sie erst nachdem
sie sich chemisch verbunden haben die physikalischen Teilchen oder
Moleküle geben, die die kleinsten Theilchen eines gewissen Körpers
sind; so kann man auch logisch nicht behaupten, dass die Eigenschaften sowohl der Atome als auch der Radikale nothwendig den in der
Physik schon bekannten Gesetzen ganz entsprechen müssen. Uebrigens
lehrt uns die Chemie, dass die Radikale uns bekannter Körper sich
auf keinen Fall den schon in der Physik bekannten Gesetzen unterziehen lassen; umsonst bemühten sich auch die Chemiker bis nun zu
die chemischen Erscheinungen durch die bekannten Gesetze der Physik zu erklären. Ja die Physiker selbst sind nicht im Stande die letzten physikalischen Erscheinungen aufzuklären, wie wir diess am Anfange dieser Abhandlung gezeigt haben.

Um aber aus unseren Atomen die uns bekannten chemischen
Verbindungen aufs Neue darzustellen, muss man zuvor bestimmen, worauf die chemische Thätigkeit der Atome beruht. Zu diesem Zwecke
wollen wir vor Allem die uns bekannten Verbindungen, deren Moleküle und Radikale, welche wir der Forschung unterziehen können, betrachten.'

Die Physik lehrt uns, dass die Körper Eigenschaften besitzen,
die von den Wesenheiten dieses Körpers selbst abhängen, wie auch
solche, die von fremder Einwirkung herrühren, — dass alle Körper
endlich aus Molekülen bestehen, welche die Physik in den Verbindungen untersuchen und für sie physikalische Gesetze feststellen kann.
Die uns hier interessirenden Gesetze sind: dass die Moleküle oder die
kleinsten Körpertheilchen eine gegenseitige Anziehungskraft besitzen,—
dass also die Anziehung eine allen Molekülen der Körper gemeinschaftliche Eigenschaft ist — dann, dass die Moleküle sich in beliebigen Quantitäten mit einander verbinden können.

Von den Radikalen der Moleküle, deren Existenz in der Chemie
sichergestellt ist, kann die Physik nichts wissen, denn die Radikale
liegen nicht in dem Gebiethe der physikalischen Forschungen, da sie

nicht einmahl eine physikalische Existenz haben, — und nur in den chemischen Verbindungen bekannt sind, auch vereinigen sich dieselben, wie uns die Chemie lehrt, mit einandern nach ganz anderen Gesetzen als die Moleküle — nämlich nach den chemischen Gesetzen, die man chemische Verwandtschaft (Affinität) nennt.

Wenn wir nun erfahren könnten, worauf diese chemische Affinität beruht; so wären wir, da wir schon die Anziehung kennen, welche die Körpertheilchen einander nähern kann, auch im Stande in unseren Atomen solche Eigenschaften aufzuweisen, aus welchen sowohl die physikalischen als auch die chemischen Verbindungen sich erklären lassen,— leider aber verlässt uns Chemiker hier die Physik, denn aus den Gesetzen derselben vermögen wir auf keinen Fall die chemischen Erscheinungen, d. i. die Verbindungen der Radikale genügend zu erklären. Auch glaube ich, wie ich es schon mehrere Male zu beweisen versuchte, dass die Physik, — da weder die Radikale noch die Atome Gegenstand der physikalischen Forschungen sein können, — nie im Stande sein wird, die Ursache der Verbindungen der Radikale mit einanderer zu erklären.

Aus dem bis nun Gesagten folgt:

1) Dass sowohl die physikalische als die chemische Theilung schlüsslich ihrer Natur nach begränzt ist;

2) Dass die Atome die letzten Theilchen aller Körper sind, die schon unbedingt weder mechanisch noch chemisch getheilt werden können;

3) Dass diese in ihrer Qualität und Quantität untereinander gleich sind;

4) Dass sie Etwas absolut Untheibares in ihrem Wesen Thätiges— Kraftkörper — sein müssen;

5) Dass die Atome sammt Radicalen einer ganz anderen Cathegorie angehören, als die Moleküle, sei es der zusammengesetzten oder nicht zusammengesetzten Körper, — jene nämlich vereinigen sich mit einander nur in gewissen, diese aber in beliebigen Verhältnissen;

6) Dass die Atome und Radicale nicht Gegenstände der physikalischen Untersuchungen sind, — ja nicht einmahl eine physikalische Existenz in dem Sinne wie die Moleküle besitzen, und sich sogar in den Verbindungen ganz anders verhalten als die Letzteren;

7) Dass die Grundlage der physikalischen Gesetze die Anziehung ist, dagegen die Ursache der chemischen Gesetze bis nun zu unbekannt war;

8) Dass die Physik ihre Gesetze aus den Eigenschaften der Körper, deren letzte Theilchen die Moleküle sind, ableitet;

9) Dass Atome nicht unbedingt diesen für die Moleküle festgesetzten, physikalischen Gesetzen unterliegen müssen, und wie wir es schon wissen, dass wirklich die Radikale, die zu derselben Cathegorie wie die Atome gehören, sich thatsächlich nicht den bis jetzt bekannten physikalischen Gesetzen unterziehen lassen;

10) Dass endlich die Chemiker bis zu der Zeit umsonst bemüht waren die Ursache der Verbindungen der Radikale auf Grundlage der heutzutage bekannten physikalischen Gesetze zu erklären.

Da nun die physikalischen Gesetze zur Erklärung der chemischen Erscheinungen nicht ausreichen; so ist es daher recht und billig, wenn wir, im Zwecke der Aufklärung der chemischen Verbindungen, zu einer Hypotese unsere Zuflucht nehmen, welche die bis jetzt unerklärten chemischen und physikalischen Erscheinungen auf eine mit allen Thatsachen übereinstimmende Weise zu erklären vermöchte. Diese Hypothese dürfte jedoch mit den in der Physik bekannten Gesetzen in keinem Widerspruche stehen, denn in der Natur wirkt immer und überall eine und dieselbe Kraft, zwar nach den Umständen verschieden, jedoch immer nach gewissen, unabänderlichen Gesetzen.

Nehmen wir nun an, wie wir diess schon im Jahre 1861 gethan haben, dass zu der Wesentlichkeit der Atome die gegenseitige Anziehung und zugleich die rotirende Bewegung derselben gehört, und nennen wir diese rotirende Bewegung der Atome kürzehalber — die chemische Rotation — zum Unterschiede von der bekannten physikalischen rotirenden Bewegung, die als zum Wesen der Körper nicht gehörend, einmal vernichtet nicht mehr von selbst aufleben kann; so lassen sich an diese chemische Hypothese folgende Betrachtungen knüpfen.

Die Anziehung ist in der Physik als eine allgemeine Eigenschaft aller physikalischen Körpertheilchen oder Moleküle bekannt. Da jedoch die chemischen Theilchen oder Radikale sich im Momente der chemischen Verbindung zu einander annähern müssen; so sind wir gezwungen auch den Atomen — als zu derselben Cathegorie wie die Radikale angehörig — die Anziehung zuerkennen. Die chemische Rotation treffen wir in der physikalischen Welt nirgends an, nur die physische rotirende Bewegung; desshalb wäre die Annahme der chemischen Rotation in den physikalischen Körpern ein Unsinn, denn es widerspräche dann dies den bekannten Gesetzen der Physik. Jedoch die chemische Rotation den Atomen zu zuerkennen und in weiterer Folge auch den Radikalen, als chemischen Körpertheilchen, welche ganz anderen Gesetzen als die physikalischen Theilchen (Moleküle) unterliegen, — glaube ich, widerspricht, nicht im Geringsten den physikalischen Gesetzen, — besonders, da die chemische Rotation der Atome, wie der Radikale, in den Molekülen der Körper, wie wir weiter sehen werden, nicht einmal auftreten kann.

Wir nehmen also in unseren Atomen (Kraftkörpern) zwei Wirkungen (Anziehung und chemische Rotirung) einer und derselben Kraft an, und trachten aus dieser Annahme alle chemischen und physikalischen Thatsachen zu erklären. Die sogenannten physikalischen Kräfte, (wie die Wärmekraft, elektrische, magnetische Kraft u. s. w.) haben keine selbstständige Existenz. Sie sind nur Eigenschaften bestimmter Körper, entweder durch bestimmte chemische Verbindungen ihrer Theilen oder auch, durch mechanische Einwirkungen bestimmter Körper aufeinander hervorgerufen. So z. B. ist auch die Bitterkeit des Chinins nicht in den Eigenschaften ihrer Elemente zu suchen, denn dieselben Elemente anders chemisch gebunden, geben süsse oder saure Körper; sondern einzig und allein in der bestimmten chemischen Verbindung bestimmter Radikale. So erlangt auch die Niere ihre eigenthümlichen Eigenschaften erst durch die bestimmte Organisation ihrer Bestandtheile, die den Elementen, aus welchen sie zusammengesetzt ist, nicht zukommt. Es haben also die Eigenschaften der einzelnen Körper, die man gewöhnlich in der Physik Kräfte nennt, keine für sich bestehende Existenz, und man kann sie nicht als etwas Selbstständiges mit den Körpern Verbundenes sich vorstellen. Es ist also Materie und Kraft auch nach dieser Betrachtung nicht als etwas dem Wesen verschiedenes, sondern die Kraft als die Wirkung (Eigenschaft) einer gewissen chemischen Verbindung zu betrachten. Man wird daraus auch einsehen, dass die einzelnen Eigenschaften der Körper nicht die Eigenschaften der Atome sein müssen und dass nur die allgemeinen Eigenschaften aller Körper auch die der Atome sein können. Da nun die Anziehung und die chemische Affinität, deren Ursache man bis zu der Zeit nicht kannte, die allgemeinen Eigenschaften aller Körper sind, so kann es uns nicht befremden, wenn wir diese zwei Eigenschaften als zwei Wirkungen der Atome in unserer Hypotese antreffen.

Da wir den Atomen doppelte Wirkung zuerkannt haben, nämlich die Anziehung und die Rotation, welche ihr Wesen ausmachen; so müssen wir auch in Folge weiterer Consequenz annehmen, dass diese

Wirkungen complementaer sind, als Wirkungen der durchgehends gleichartigen und durchaus untheilbaren Theilchen.

Nach allen diesen Erörterungen schreiten wir jetzt zur Begriffs-bestimmung unserer Atome, aus welchen wir alle uns bekannten Ver-bindungen erzeugen, und die Ursache der uns bekannten chemischen und physikalischen Thatsachen zu erklären trachten werden.

Atome sind die allerletzten chemischen Theilchen aller Körper; untereinander gleich, sowohl der Qualität als der Quantität nach; immer thätig, deren Thätigkeit sich in gegenseitiger Anziehung und zugleich in der Ro-tation ihrer selbst kundgiebt, und diese ihre Wirkungen sind complementär.

Um nun aus der obigen chemischen Annahme gewisse Gesetze für unsere Atome und Radikale ableiten und solche mit dem Verhalten der Radikale uns bekannter Körper vergleichen zu können, betrachten wir unsere Atome zuerst einzeln und dann in ihrer Wechselwirkung.

Denken wir uns im Raume die einzelnen Atome ohne gegenseitige Einwirkung auf einander: so müssen alle Atome mit derselben Geschwindigkeit sich in rotirender Bewegung befinden, da sie alle in ihrer Qualität und Quantität gleich sind.

Wenn wir uns aber die Atome in ihrer Wechselwirkung aufeinander vorstellen; so stellt sich uns ihre Kraft in zwei Richtungen wirkend dar; nach Aussen anziehend, nach Innen die rotirende Bewegung verursachend, und diese Wirkungen, wie wir schon wissen, sind com-plementär. Da nun, wenn eine Kraft in einer Richtung mehr wirkt, ihre Wirkung sich in der Anderen nothwendig verringern muss; so muss auch die Rotationsgeschwindigkeit der Atome in dem Masse, als die Annäherung der Atome gegenseitig zunimmt, abnehmen, denn in die-sem Falle vergrössert sich die Wirkung nach Aussen, das ist die An-ziehung.

Betrachten wir nun die Folgen, welche entstehen müssen, wenn einzelne Atome sich einander nähern.

a) Welches Resultat erhalten wir, wenn zwei in derselben Rich-tung rotirende Atome ohne fremde Einflüsse sich selbst überlassen bleiben?

Diese zwei Atome werden sich gegenseitig anziehen, und in dem Verhältnisse ihrer Anziehung wird ihre rotirende Bewegung immer schwächer; kommen sie aber bei dieser Annäherung in die Wirkungs-phäre ihrer rotirenden Bewegungen, die aufeinander in entgegengesetzter Richtung wirken; so werden, indem sie sich das Gleichgewicht halten, ihre rotirenden Bewegungen gegenseitig aufgehoben, und die Atome bleiben in einer gewissen Spannung ihrer Kräfte neben einander, indem sie einen Körper bilden, welcher andere Eigenschaften besitzt als die Atome, aus denen er entstand:

$$\text{◖◗} = \text{●●}.$$

Die Individualität dieser zwei Atome wird in der Verbindung, wie wir sehen, nicht vernichtet. Die Atome behalten auch in den Verbindungen die ihnen zukommende Kraft, welche ihr Wesen begründet; es zeigen sich nur in Folge der Wechselwirkung der Kräfte andere Erscheinungen. Sobald sich aber diese Atome von einander trennen, treten sie wieder mit ihrer ursprünglicher Rotation auf, denn sie gehört zu ihrem Wesen.

Bei der chemischen Verbindung zweier Atome werden ihre rotirenden Bewegungen, als entgegengesetzt wirkende, durch das Gleichgewicht ihrer Kräfte, welche sie veranlasst haben, aufgehoben. Die Anziehung der Atome hingegen bleibt gleich der Summe der Anziehungen beider Atome. Eine auf diese Art entstandene Verbindung wird keine rotirende Bewegung mehr haben, — sie wird einen physikalischen Theil eines gewissen Körpers bilden und heisst Molekül.

Moleküle sind die kleinsten physikalischen Theilchen eines Körpers.

Diese Moleküle können sich vermittelst der Anziehung mit einander in beliebigen Quantitäten verbinden, und eine grössere oder kleinere Masse eines Körpers bilden.

Wenn aber bei einem Moleküle, welches aus zwei Atomen besteht, diese Letzteren sich so von einander entfernen, so dass sie ihre Rotationsbewegung erlangen, und dennoch vermittelst der Anziehung ein Ganzes bilden; alsdann wird dieses Ganze im Momente der chemischen Verbindung mit der Geschwindigkeit zweier Atome rotiren, oder anders gesagt: wird in den chemischen Verbindungen die Bedeutung zweier Atome haben, — es wird ein zweiatomiges Radikal sein, was wir grafisch mit dem Zeichen ∞ bezeichnen.

Dasselbe Ganze daher, welches als ein Molekül hervortritt, kann auch als zweiatomiges Radikal in Verbindung sich befinden.

b) Wie werden drei Atome auf einander wirken beim Ausschlusse aller fremden Einflüsse?

Drei in einem Raume befindlichen Atome vereinigen sich nur dann chemisch, wenn sie zur gleichen Zeit zusammenstossen. Die Verbindung aber, die daraus entsteht, wird noch eine gewisse rotirende Bewegung haben müssen, die gleich sein wird der rotirenden Bewegung eines Atoms.

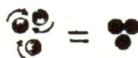

$$\overset{\text{⊙⊙}}{\underset{\text{⊙}}{}} = \text{⊙⊙}$$

Solche Verbindungen, welche noch ihre eigene Rotation besitzen, werden Radikale genannt.

Erörtern wir jetzt, mit welcher Rotationsgeschwindigkeit das neu entstandene Radikal sich bewegen wird.

Die Atome schwächen in demselben Masse ihre rotirende Bewegung, in welchem sie sich einander nähern (wie bereits früher gesagt wurde); im Momente ihrer chemischen Verbindung haben sie die geringst mögliche Rotationsgeschwindigkeit, z. B. im obigen Falle wird das neu entstandene Radikal mit dieser Geschwindigkeit rotiren, welche gleich ist der geringsten eines Atoms, und die geringste ist in dem Augenblicke seiner Verbindung. Diese Rotationsgeschwindigkeit eines Radikals ist dann zugleich auch seine grösste, welche es nur im ganz freien Zustande haben kann, denn sobald ein anderes Radikal oder Atom auf jenes einwirkt, schwächt es seine Rotationsgeschwindigkeit in dem Masse, in dem es sich ihm mehr nähert; bis endlich im Augenblicke ihrer chemischen Verbindung sie die kleinste sein wird.

Hieraus folgt das allgemeine Gesetz: dass die grösste Rotationsgeschwindigkeit eines Radikals der kleinsten eines Atoms entspricht; — die kleinste aber besteht im Momente der chemischen Verbindung.

Ein Radikal aus drei Atomen bestehend, wird mit der Rotationsgeschwindigkeit des einen von diesen Atomen sich bewegen und heisst dann ein einatomiges Radikal.

Ein einatomiges Radikal kann sich nicht nur mit einem zweiten einatomigen Radikale, sondern auch mit einem Atome verbinden, denn die Rotationsgeschwindigkeit eines Atoms entspricht genau der Geschwindigkeit der Rotationsbewegung eines einatomigen Radikals im Momente der chemischen Verbindung. Es folgt diess schon aus dem, was oben gesagt wurde, denn ein aus drei Atomen bestehendes Radikal wirkt hier im Raume auf ein Atom:

$$\text{⊙⊙⊙} \qquad \text{⊙}$$

Ein jedes Atom des Radikals wirkt hier mit seiner ganzen Anziehung, auf das im Raume sich befindliche eine Atom, während das Letztere auf alle drei Atome des Radikals zugleich anziehend wirken muss, und daher ist die Anziehung eines einzelnen Atoms im Raume dreimal so gross, als die des Radikals. Da aber von der grösseren oder geringeren Anziehung die Geschwindigkeit der Rotationsbewegung abhängt; so ist es leicht zu begreifen, dass die ursprüngliche Rotationsgeschwindigkeit des einzelnen Atoms viel stärker abnehmen wird, als die des Radikals, und zwar in dem Masse, dass im Momente der chemischen Verbindung ihre Rotationsgeschwindigkeiten sich ausgleichen, d. h. dass die Rotationsgeschwindigkeit des einen Atoms gleich gross der Rotationsgeschwindigkeit des einatomigen Radikals sein wird, oder auch, wie man sich gewöhnlich ausdrückt: es wird das einatomige Radikal im Momente der chemischen Verbindung denselben Werth haben wie das Atom.

Ein einatomiges Radikal aus drei Atomen bestehend, dessen einzelne Atome sich so weit von einander entfernen, dass sie ihre Rotationsbewegung wieder erlangen, jedoch immer noch ein Ganzen bilden, kann ein dreiatomiges Radikal werden, d. h. es wird im Momente der chemischen Verbindung eine solche Rotationsgeschwindigkeit haben, welche drei einzelne Atome im Momente der chemischen Verbindung zusammenbesitzen.

Hieraus folgt, dass ein dreiatomiges Radikal mit drei einzelnen Atomen oder mit drei einatomigen Radikalen Verbindungen eingehen kann, denn alle diese drei einzelnen Atome, wie auch drei einatomigen Radikale werden im Momente der chemischen Verbindung dieselbe Rotationsgeschwindigkeit, wie ein dreiatomiges Radikal, haben.

Ein einatomiges Radikal bezeichnen wir grafisch mit O, ein dreiatomiges mit ⊂∞⊃.

c) Wie werden vier Atome, wenn sie nur allein ohne fremde Einwirkung sich in einem Raume befinden, auf einander wirken?

Vier Atome können sich nur dann chemisch verbinden, wenn sie zu gleicher Zeit sich einander nähern, denn nur dann können sie ihre rotirende Bewegung gegenseitig aufheben und ein Molekül bilden.

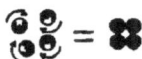

$$\text{⊛⊛} = \text{❈}$$

Ein aus vier Atomen bestehendes Molekül kann im Momente der chemischen Verbindung in ein zweiatomiges Radikal ∞ umgewandelt werden, wenn in demselben zwei Atome ihre Rotationsbewegung erlangen, ohne dass sie sich von dem Ganzen lostrennen. Erlangen aber in einem solchen Molekül alle vier Atome ihre rotirende Bewegung, alsdann kann ein vieratomiges Radikal ∞∞ entstehen, d. h. im Momente der chemischen Verbindung kann das aus vier Atomen bestehende Molekül dieselbe Rotationsgeschwindigkeit, wie vier einzelne Atome, besitzen; folglich kann aus einem, aus vier Atomen bestehenden Molekül im Momente der chemischen Verbindung ein zwei- oder vieratomiges Radikal werden.

Die Erörterung, wie 5, 6 u. s. w. Atome chemisch mit einander sich verbinden, führt uns zu keinen anderen, als zu den oben schon angeführten Ergebnissen, die wir hier zusammenstellen wollen:

Erstens: eine chemische Verbindung der 1ten Reihe aus unpaariger Anzahl von Atomen bestehend — bildet ein Radikal, die aus paariger Anzahl entstandene — aber ein Molekül.

Zweitens: die Moleküle können zu Radikalen, aber nur von paariger Atomität, werden.

Drittens: die Radikale unpaariger Atomität, wenn sie dieselbe ändern, behalten immer ihre unpaarige Atomität; so wie die Radikale paariger Atomität bei der Aenderung derselben immer paarig bleiben müssen.

Viertens: die Moleküle können Verbindungen, entstanden aus der unmittelbaren Vereinigung einer paarigen Anzahl von Atomen oder paariger Anzahl von Radikalen, oder auch einer unparigen Anzahl von Radikalen, jedoch von paariger Atomität, sein.

Fünftens: die Radikale verbinden sich nur nach ihrer Atomität mit einander chemisch, d. i. z. B. ein dreiatomiges Radikal kann sich chemisch nur entweder mit drei einatomigen Radikalen verbinden, indem es eine Verbindung von der Zusammensetzung 𝟾𝟾𝟾 bildet; oder mit einem einatomigen und einem zweiatomigen Radikal 𝟾𝟾𝟾, oder mit einem dreiatomigen gleichartigen oder verschiedenartigen Radikale 𝟾𝟾𝟾; oder aber verbinden sich zwei dreiatomige Radikale mit einem zweiatomigen und mit vier einatomigen Radikalen 𝟾𝟾𝟾, dann 𝟾𝟾𝟾, ferner 𝟾𝟾𝟾 u. s. w. — Kurz gesagt: die Radikale können sich nur in einem bestimmten Verhältnisse verbinden, wobei ihre Rotationsgeschwindigkeiten im Momente der chemischen Verbindung gleich sein müssen.

Sechstens: Moleküle können nur als Radikale sich chemisch verbinden.

Siebentens: die Radikale, wenn sie noch die Rotationsbewegung besitzen, können nicht in freiem Zustande neben Anderen vorhanden sein, ohne mit denselben chemische Verbindungen einzugehen; ausser dass eine äussere Kraft sie fortwährend in einer gewissen Entfernung von einander erhält.

Um die Atomität der Radikale besser beleuchten zu können, wollen wir die Betrachtung noch von einem anderen Standpunkte anstellen. Nehmen wir z. B. einen Körper dessen Moleküle aus 6 Atomen chemisch zusammengesetzt sind $\begin{smallmatrix}\bigcirc\bigcirc\bigcirc\\\bigcirc\bigcirc\bigcirc\end{smallmatrix}$, wobei nach unserer Theorie die Atome durch Anziehung einander genähert und durch Umwandlung ihrer Rotation in Spannung chemisch verbunden sind. Und denken wir uns jetzt aus diesem Molekül ein Atom weggenommen; so bleibt ein aus 5 Atomen zusammengesetztes Radikal, welches im Momente der chemischen Verbindung mit dem weggenommenen Atome dieselbe chemische Bedeutung haben muss, wie ein Atom, oder nach unserer Theorie, wird dieselbe Rotationsgeschwindigkeit haben, wie ein Atom im Momente der chemischen Verbindung. Es kann also ein aus 5 Atomen bestehendes Radikal einatomig werden.—Denken wir uns nun vom obigen Molekül zwei Atome weggenommen, so bleibt ein Radikal zusammengesetzt aus vier Atomen, welches im Momente der chemischen Verbindung dieselbe Rotationsgeschwindigkeit haben muss, wie zwei Atome. Es kann also ein aus vier Atomen bestehendes Radikal zweiatomig sein, oder es kann sich auch in ein Molekül (nach Seite 21) verwandeln.— Wenn wir weiter vom obigen Molekül uns drei einzelne Atome wegdenken; so bleibt ein Radikal, welches im Momente der chemischen Verbindung dieselbe Rotationsgeschwindigkeit haben wird, wie drei Atome. Es kann also ein aus drei Atomen bestehendes Radikal im Momente der chemischen Verbindung dreiatomig, oder wie wir Seite 20—21 gezeigt haben, auch einatomig werden.

Aehnliche Betrachtungen mit aus 8, 10, 12, u. s. w. Atomen zusammengesetzten Molekülen angestellt, bestätigen alle unsere Folgerungen, die wir früher aufgezählt haben.

Die obigen Gesetze haben wir nur aus den Eigenschaften (Anziehung und rotirende Bewegung) unserer Atome abgeleitet, indem wir sie sowohl einzeln als auch hinsichtlich ihres wechselseitigen Aufeinanderwirkens betrachteten.

Aus den Radikalen der ersten Reihe mussten nach denselben Gesetzen, welche wir bei den Atomen erkannten, Verbindungen der zweiten Reihe u. s. w. entstehen, bis endlich die Verbindungen der n^{ten} Reihe gebildet wurden, zu welchen unsere Elemente gehören. Sie können auch Verbindungen sein, welche von mehreren Reihen herrühren, was jedoch in der Sache nichts ändert.

Es werden nach dem Obigen die Radikale der Verbindungen desto mehr zur Zerlegung geneigt sein, je höher die Reihe ist, zu welcher sie gehören, denn in solchem Falle war ihre Rotationsgeschwindigkeit im Momente der chemischen Verbindung — also ist auch ihre Spannung in der Verbindung-kleiner, als die der Radikale der niederen Reihe. Die chemische Verbindung im Allgemeinen hängt von der gegenseitigen Anziehung der Atome und wechselseitigen Aufhebung der Rotationsbewegung ab, welche in den Verbindungen in die Rotationsspannung übergeht, also von zwei Wirkungen, von welchen die Eine sich mit der Reihe der Verbindung immer vergrössert, während die Andere sich vermindert. Hieraus wird erklärlich, warum wir die Verbindungen der n^{ten} Reihe oder chemische Elemente bis zu der Zeit nicht zerlegen können, denn wir besitzen bis nun keine solche Kraft, welche die Bestandtheile der Elementradikale so weit von einander trennen und neue Verbindungen mit weniger zusammengesetzten Radikalen geben könnten.

Diese Verbindungen der n^{ten} Reihe (Elemente) verbinden sich nach denselben Gesetzen wie die Atome unter einander, und geben Verbindungen der $n + 1^{ten}$ Reihe, diese unter einander chemisch verbunden geben Verbindungen der $n + 2^{ten}$ Reihe u. s. w. Weil sich aber die Radikale jeder Reihe nach denselben Gesetzen verbinden, wie wir bei den Atomen gezeigt haben; so muss in der Eigenschaft der Verbindung, wenigstens der unmittelbar aufeinanderfolgenden Reihe eine gewisse Aehnlichkeit sich zeigen. Und diese ist wirklich sehr auffallend. Wir wissen, dass die chemischen Elemente, also Verbindungen der n^{ten} Reihe sich untereinander verbinden und geben in der $n + 1^{ten}$ Reihe Verbindungen, die wir sauere, basische und indifferente nennen; wir wissen auch, dass einige von diesen Verbindungen in mehreren Modifikationen auftreten, wie z. B. die arsenige Säure. Ganz ein ähnliches Verhalten sehen wir bei den chemischen Elementen; es befinden sich unter ihnen a) saure wie z. B. Chlor, Arsen u. s. w. b) basische wie z. B. Kalium, Natrium u. s. w. c) indifferente Elemente wie z. B. Wasserstoff. Auch kennen wir Elemente, die in verschiedenen Modifikationen auftreten, wie z. B. Kohlenstoff, Schwefel, Phosphor u. a. m.

Wenn wir weiter unsere Folgerungen, die wir logisch aus den Eigenschaften unserer Atome abgeleitet haben, mit den uns bekannten chemischen Thatsachen vergleichen; so finden wir, dass die Radikale der uns bekannten chemischen Elemente sich in Verbindungen genau so verhalten, wie wir es bei den Atomen angaben.

Um aber dieses mit Thatsachen zu bestätigen, wollen wir die oben festgesetzten Gesetze der Atome mit dem Verhalten der uns bekannten Körper vergleichen.

Aus der Theorie erfahren wir unter Anderen:

1) Dass die Moleküle in Radikale übergehen können, die jedoch immer von paariger Atomität sein müssen. Die chemisch-physikalischen Forschungen beweisen, dass das Molekulargewicht des Quecksilbers, Cadmiums, Aelails u. a. m. wirklich dem Radikalgewichte dieser Körper genau entspricht — und dass diese Körper in den Verbindungen als zweiatomige Radikale auftreten.

2) Dass die Radikale von unpaarer Atomität, wenn sie diese ändern, immer wieder eine unpaare, — bei paarigen aber immer eine paarige annehmen müssen. — Chemische Thatsachen überzeugen uns, dass Phosphor, Antymon, Arsen u. a. m. in Verbindungen wirklich als drei- oder fünf- atomige Radikale auftreten; jedoch niemals als Radikale einer paarigen Atomität. Zinn, Schwefel u. a. m. sind dagegen in den Verbindungen als Radikale von paariger Atomität bekannt, die auch wenn sie ihre Atomität ändern, immer eine paarige Atomität behalten.

3) Dass die Moleküle aus unmittelbarer Vereinigung einer paarigen Anzahl der Atome, oder aber aus der chemischen Verbindung einer paaren oder auch unpaaren Zahl der Radikale gebildet sind. — Auch auf dem Gebiethe der chemischen Forschungen sind wir wirklich zu der Ueberzeugung gekommen, dass die Moleküle des Wasserstoffs die Formel H_2, des Sauerstoffs O_2, des Ozons O_3, des Phosphors im gasigen Zustande P_4 u. d. gl. haben.

4) Dass die Radikale sich chemisch unter einander nur ihrer Atomität nach — also nur in bestimmten Verhältnissen — verbinden können, und dass das Radikal auch der höchsten Zusammensetzung sich mit dem der geringsten verbinden kann. Die chemischen Erfahrungen lehren, dass in den Verbindungen ein Radikal z. B. des Wasserstoffes

(H) auch durch ein sehr hoch zusammengesetztes Radikal vertreten wer-
denn kann, wie durch Ammonium (NH₄), Aethyl (C₂O₅) u. d. gl.

5) Dass die Radikale überhaupt ihre Atomität ändern können, geht
nicht nur aus meiner Theorie hervor; sondern diess beweisen uns sowohl einfache als auch zusammengesetzte Radikale. Man möge bei-
spielsweise unter sehr vielen organischen wie unorganischen Verbindungen nur die einmalgeschwefelte unterschweflige Säure in Betracht nehmen, in der der Schwefel in drei verschiedenen Zuständen enthalten
sein muss, als zwei-, vier-, u. sechsatomiges Radikal nach der Formel

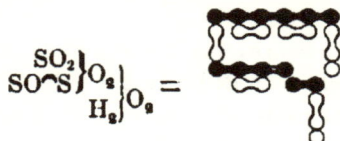

$$\left.\begin{array}{c}SO_2 \\ SO\frown S \\ H_2\end{array}\right\}O_2 \Big\}O_2 =$$

zusammengesetzt, denn dies beweiset nicht nur ihre Bildungsart, sondern auch ihre Zersetzungen, — mögen einige Chemiker sich dawider
sträuben, wie sie wollen. Mit dem Ausdruck gesättigte und ungesättigte
Verbindungen ist nichts gewonnen, eben so wie mit der Lebenskraft.
Der Kohlenstoff z. B. verbindet sich bei einer niedrigeren Temperatur
auch bei einem Ueberschusse von Sauerstoff nur zu CO, bei einer hö-
heren Temperatur zu CO₂. Der Kohlenstoff also hat die Eigenschaft
nach Umständen sich mit veränderlicher Menge Sauerstoff zu verbinden, und eben diese Eigenschaft (diesen Zustand) des Kohlenstoffs
nennt man Atomität, wie dies aber geschieht, erklärt uns die Theorie.
Auch habe ich in meiner unorganischen Chemie, 1866 p. 542—546 an
vielen Beispielen bewiesen, dass die Radikale in den uns bekannten
Verbindungen ihre Atomität wirklich ändern oder anders gesagt, in
verschiedene Zustände übergehen können.

6) Wir wissen jetzt aus der Theorie worauf die chemische Verbindung beruht, und kennen auch den Grund, warum die Körper
sich nur in bestimmten Verhältnissen chemisch verbinden.

Nach dieser meiner Theorie trage ich die Chemie an der krakauer Universität seit dem Jahre 1861 vor. Ich war der Erste, der die
unorganischen Verbindungen in Molekular-Formeln durchführte, wobei
ich den Typenformeln wenig Rechnung trage, indem unmöglich die
chemischen Verbindungen nach den, von den Chemikern willkürlich an-
genommenen Typen sich bilden können; sondern, wie wir schon aus
meiner Theorie wissen, vereinigen sich die Radikale der Elemente nach
ihrer Atomität in verschiedenen aber bestimmten Verhältnissen. Meine

grafische Bezeichnungsart giebt uns nicht nur ein deutliches Bild von der chemischen Constitution der Verbindung, sondern lässt auch keine solche Willkühr zu, wie sie bei Aufstellung der Buchstabenformeln besonders in den organischen Verbindungen möglich ist.

Ich übergehe die Formeln der unorganischen Verbindungen, da sie aus meiner Broschüre: Neue chemische Theorie durchgeführt durch alle unorganischen Verbindungen in allgemeinen Formeln, Krakau 1864, den deutschen Chemikern bekannt sind und will hier nur zeigen, dass die organischen Verbindungen sich ganz nach der Art der unorganischen bilden, und dass meine grafischen Formeln eine deutliche Vorstellung von der Verbindungsweise einzelner Radikale verschaffen, wobei überall der Grund der Verbindung in der Atomität der einzelnen Radikale zu suchen ist.

Ich führe hier nur einige Beispiele aus meiner organischen Chemie an, welche ich den Chemikern zu begutachten überlasse, in wiefern meine Formeln der chemischen Verbindungen ihrer Entstehungsart, wie auch ihren Zersetzungsprodukten und ihren Eigenschaften entsprechen.

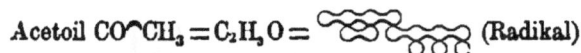

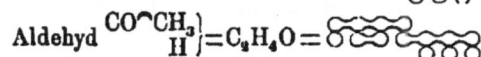

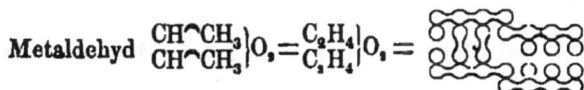

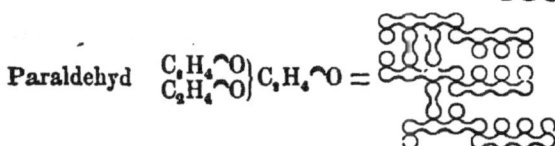

Acetoil $CO^\frown CH_3 = C_2H_3O =$ (Radikal)

Aldehyd $\left.{CO^\frown CH_3 \atop H}\right\} = C_2H_4O =$

Metaldehyd $\left.{CH^\frown CH_3 \atop CH^\frown CH_3}\right|O_2 = \left.{C_2H_4 \atop C_2H_4}\right|O_2 =$

Paraldehyd $\left.{C_2H_4^\frown O \atop C_2H_4^\frown O}\right\} C_2H_4^\frown O =$

Acraldehyd $\left.{C_2H_4^\frown O^\frown C_2H_4 \atop C_2H_4^\frown O^\frown C_2H_4}\right|O_2.$

Diese polymeren Modificationen des Aldehyds sind ganz auf dieselbe Art gebildet, wie die in der unorganischen Chemie, z. B.

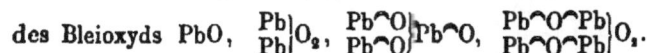

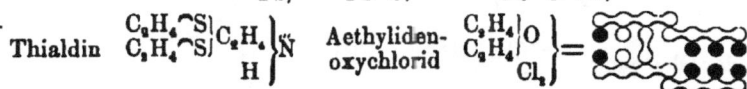

des Bleioxyds PbO, $\left.{Pb \atop Pb}\right|O_2$, $\left.{Pb^\frown O \atop Pb^\frown O}\right|Pb^\frown O$, $\left.{Pb^\frown O^\frown Pb \atop Pb^\frown O^\frown Pb}\right|O_2.$

Thialdin $\left.{C_2H_4^\frown S \atop C_2H_4^\frown S}\right| \left.C_2H_4 \atop H\right\}N$ Aethyliden-oxychlorid $\left.{C_2H_4 \atop C_2H_4}\right|{O \atop Cl_2}\right| =$

Dialdehydaethy-
lidenchlorid $\left.\begin{array}{c}C_2H_4\frown O \\ C_2H_4\frown O\end{array}\right|C_2H_4 \atop Cl_4\Big\} = C_6H_{11}O_2Cl_4$

in der unorganischen
Chemie kennen wir $\quad \left.\begin{array}{c}Pb \\ Pb \\ Cl_2\end{array}\right\}O$, $\left.\begin{array}{c}Pb\frown O \\ Pb\frown O\end{array}\right|Pb \atop Cl_4\Big\}$, $\left.\begin{array}{c}Pb\frown O\frown Pb \\ Pb\frown O\frown Pb \\ Cl_4\end{array}\right\}O$ u. s. w.

$\left.\begin{array}{c}C_2H_4 \\ C_2H_5 \\ Cl\end{array}\right\}O$, $\quad \left.\begin{array}{c}C_2H_5 \\ Na\end{array}\right|O=NaCl$, $\quad \left.\begin{array}{c}C_2H_5 \\ C_6H_4 \\ C_2H_5\end{array}\right\}O.$ Acetal

Aldehyd verbindet sich mit sauren schwefligsauren Natron nach der Gleichung:

$$\left\{ \quad C_2H_4O, \quad \left.\begin{array}{c}SO \\ H.Na\end{array}\right\}O_2 = \left.\begin{array}{c}C_2H_4 \\ H\end{array}\right|O.\left.\begin{array}{c}SO \\ Na\end{array}\right\}O_2 \right.$$

Schwefligsaures
Aldehydammoniak $\quad \left.\begin{array}{c}SO\frown CO\frown CH_3 \\ NH_4\end{array}\right\}O =$

Aceton $C_3H_6O = {}^{CO\frown CH_3}_{CH_3}\Big] = CH_3\frown CO\frown CH_3 = \left.\begin{array}{c}CH_3 \\ CH_3\end{array}\right\}CO = \left.\begin{array}{c}CH_3 \\ CO \\ CH_3\end{array}\right\} =$

$=$ Man sieht, dass eine grafische Formel durch

verschiedene Buchstabenformeln ausgedrückt werden kann, die alle einen und denselben Gedanken ausdrücken.

Aceton gibt mit Natriumamalgam ein Pseudopropilalkohol nach der Gleichung:

$\left.\begin{array}{c}CO\frown CH_3 \\ CH_3\end{array}\right\}$, $\quad H_2 = \left.\begin{array}{c}C_3H_7 \\ H\end{array}\right|O = {}^{CH_3\frown CH}_{\quad\quad H}\Big|O\frown CH_3$

Mit saueren schwefligsauren Natron erhält man die Verbindung

von der Formel $C_3H_6\Big|O.Na\Big\}O_2 = \atop H \quad\quad SO$

Nach der Gleichung $\left.\begin{array}{c}CO\frown CH_3 \\ CH_3\end{array}\right|$, $\quad \left.\begin{array}{c}SO \\ H.Na\end{array}\right|O_2 = \left.\begin{array}{c}C_3H_6 \\ H\end{array}\right|O.Na\Big\}O_2$

Pinakon $C_6H_{14}O_2 = C_3H_8 \begin{Bmatrix} C_3H_7 \\ H \end{Bmatrix} O \Big\} O =$

Acetonsäure $CH_3 \frown C \Big(OH . \begin{smallmatrix} CO \\ H \end{smallmatrix} \Big| O \Big) \frown CH_4 =$

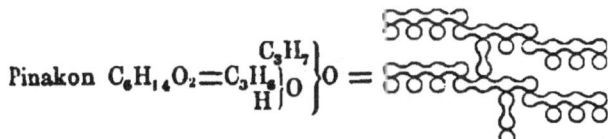

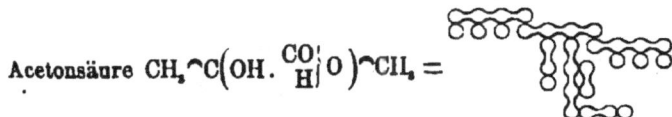

ist eine zweiatomige aber nur einbasische Säure.

Acetonin $\overset{..}{N}_2 \begin{Bmatrix} C_3H_6 \\ C_3H_6 \\ C_3H_6 \end{Bmatrix}$,   Carbothiacetonin $\overset{5}{N}_2 \big(3C_3H_6 . \begin{smallmatrix} S \\ CS \end{smallmatrix} \big) \Big|$.

In diesen zwei letzten Verbindungen hat das zweiatomige Radikal C_3H_6 diese Zusammensetzung

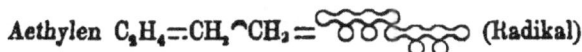

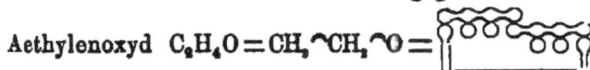

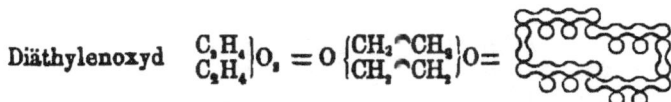

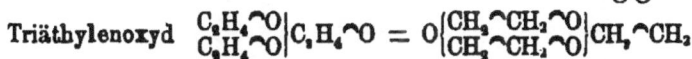

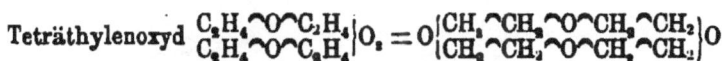

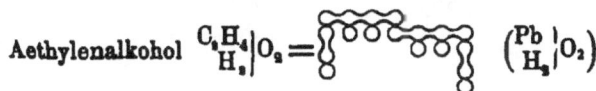

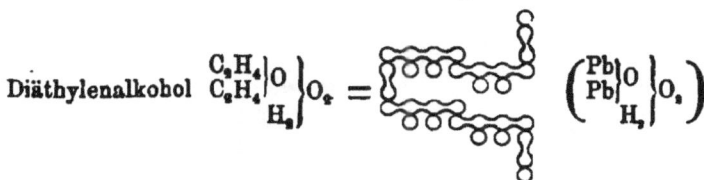

Aethylen $C_2H_4 = CH_2 \frown CH_2 =$ (Radikal)

Aethylenoxyd $C_2H_4O = CH_2 \frown CH_2 \frown O =$

Diäthylenoxyd $\begin{smallmatrix} C_2H_4 \\ C_2H_4 \end{smallmatrix} \Big| O_2 = O \begin{Bmatrix} CH_2 \frown CH_2 \\ CH_2 \frown CH_2 \end{Bmatrix} O =$

Triäthylenoxyd $\begin{smallmatrix} C_2H_4 \frown O \\ C_2H_4 \frown O \end{smallmatrix} \Big| C_2H_4 \frown O = O \begin{Bmatrix} CH_2 \frown CH_2 \frown O \\ CH_2 \frown CH_2 \frown O \end{Bmatrix} CH_2 \frown CH_2$

Teträthylenoxyd $\begin{smallmatrix} C_2H_4 \frown O \frown C_2H_4 \\ C_2H_4 \frown O \frown C_2H_4 \end{smallmatrix} \Big| O_2 = O \begin{Bmatrix} CH_2 \frown CH_2 \frown O \frown CH_2 \frown CH_2 \\ CH_2 \frown CH_2 \frown O \frown CH_2 \frown CH_2 \end{Bmatrix} O$

Aethylenalkohol $\begin{smallmatrix} C_2H_4 \\ H_2 \end{smallmatrix} \Big| O_2 =$ $\big(\begin{smallmatrix} Pb \\ H_2 \end{smallmatrix} \big| O_2 \big)$

Diäthylenalkohol $\begin{smallmatrix} C_2H_4 \\ C_2H_4 \\ H_2 \end{smallmatrix} \Big| O \Big\} O_2 =$ $\big(\begin{smallmatrix} Pb \\ Pb \\ H_2 \end{smallmatrix} \big| O \big\} O_2 \big)$

Triäthylenalkohol $\left.\begin{array}{c}C_2H_4\frown O\rvert C_2H_4\\C_2H_4\frown O\rvert\\H_2\end{array}\right\}O_2$ $\left(\left.\begin{array}{c}Pb\frown O\rvert Pb\\Pb\frown O\rvert\\H_2\end{array}\right\}O_2\right)$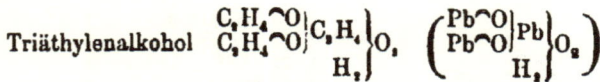

Teträthylenalkohol $\left.\begin{array}{c}C_2H_4\frown O\frown C_2H_4\\C_2H_4\frown O\frown C_2H_4\rvert O\\H_2\end{array}\right\}O_2$ $\left(\left.\begin{array}{c}Pb\frown O\frown Pb\\Pb\frown O\frown Pb\rvert O\\H_2\end{array}\right\}O_2\right)$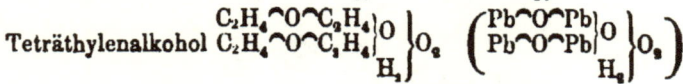

Aethylendiamin $\overset{"}{N}_2\left\{\begin{array}{c}C_2H_4\\H_2\\H_2\end{array}\right.$ =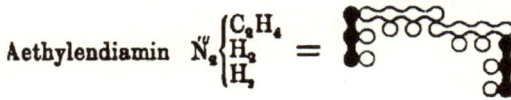

Aethylendiammo-
niumbromid $\left.\overset{5}{N}_2(C_2H_4.H_6)\right\}_{Br_2}=\overset{5}{NH_3}\rvert C_2H_4\atop NH_3\rvert\left.\right\}_{Br_2}$ =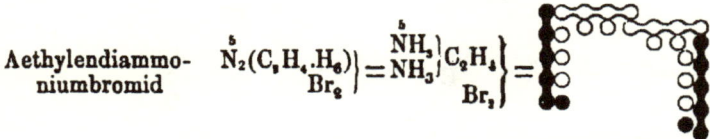

$\overset{"}{N}\left\{\begin{array}{c}C_2H_5\\C_2H_5,\\C_2H_5\end{array}\right.$ $C_2H_4\atop Br_2\}$ = $\overset{5}{N}(3C_2H_5.C_2H_4\frown Br)\atop Br\}$ =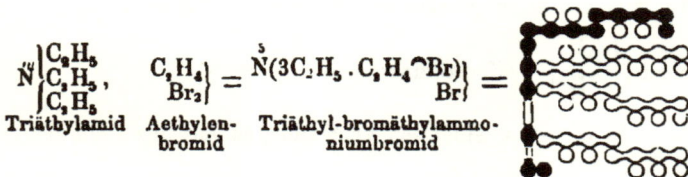
Triäthylamid Aethylen-   Triäthyl-bromäthylammo-
bromid   niumbromid

Triäthyl-vinylam-
moniumbromid $\overset{5}{N}(3C_2H_5.C_2H_3\atop Br\rvert$ =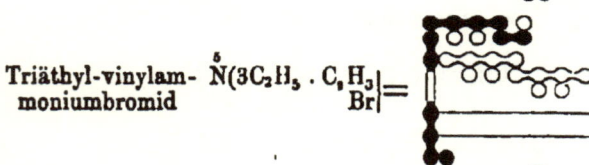

Diäthylen-dihy-
doramin $\overset{"}{N}\left\{\begin{array}{c}C_2H_4\rbrace O\\H\\C_2H_4\rbrace O\\H\\H\end{array}\right.$ =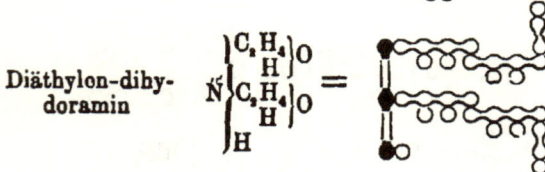

Diäthylen - dihydor-
ammoniumchlorid $\overset{5}{N}(2{C_2H_4\atop H}\}O.H_2)\atop Cl\}$ =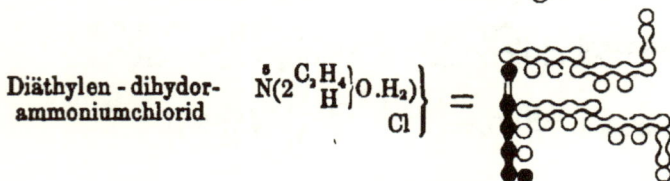

Kalium-platinchlorid $K_2.Cl_2\}\overset{"'}{Cl_2}$ = 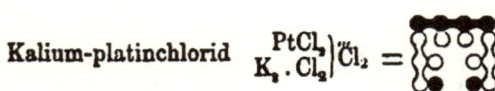 $_{PtCl_2}$

Diäthylen-dihydor-
aminplatinchlorid $2\left[\overset{5}{N}(2{C_2H_4\atop H}\}O.H_2)\right].$ $Cl_2\}\overset{"'}{Cl_2}$ ^{PtCl_2}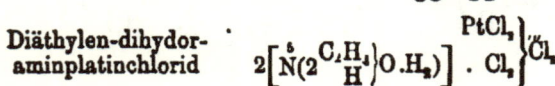

Carbylsulfat $C_2H_4\frown{SO_2 \atop SO_2}|O_2 =$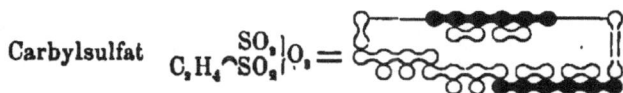

Aethionsäure $C_2H_4\frown{SO_2 \atop SO_2}|{O \atop H_2}\}O_2 =$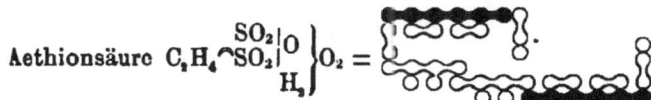

Isäthionsaures Ammoniumoxyd $C_2H_4\frown{SO_2 \atop H.NH_4}|O_5 =$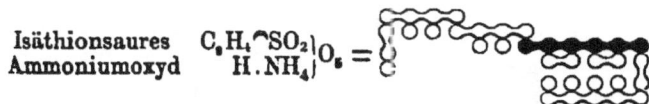

Taurin $C_2H_4\frown{SO_5 \atop NH_2}\}O_2 =$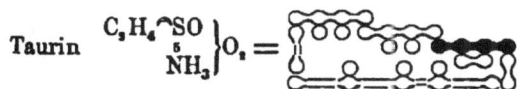

Disulphome-tholsäure $SO_2\frown CH_2\frown{SO_2 \atop H_2}|O_4 = C\frown{(H_2.SO_2.SO_2) \atop H_2}\}O_2 =$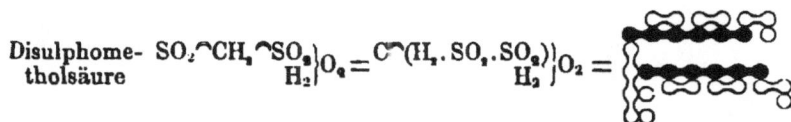

$C\frown{(H.3^{SO_2} \atop H}|O) = C\frown{(H.SO_2.SO_2.SO_2) \atop H_3}|O_3 = C\left\{{SO_2 \atop H}\}O \atop {SO_2 \atop H}\}O \atop {SO_2 \atop H}\}O \atop H\right. =$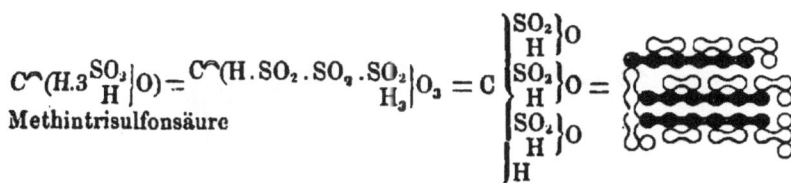

Methintrisulfonsäure

Glycolsäure. $CO\frown{CH_2 \atop H_2}|O_2 =$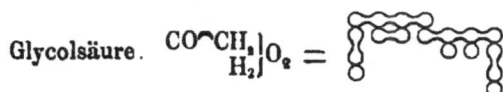

Diglycolsäure zweiatomig und einbasisch $CO\frown CH_2 \atop CO\frown CH_2 \atop {}\}{O \atop H_2}\}O_2 =$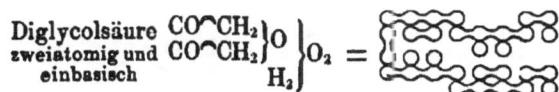

Diglycoläthylensäure $CO\frown CH_2\frown O \atop CO\frown CH_2\frown O\}{C_2H_4 \atop H_2}\}O_2 =$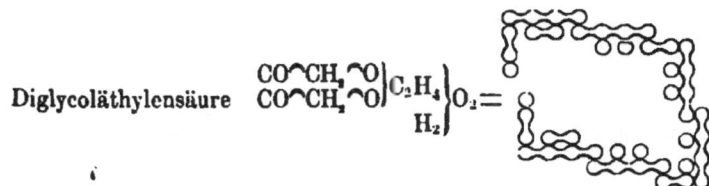

Glycolaminsäure $\ddot N\}{CO\frown CH_2 \atop H \quad H \atop H}\}O =$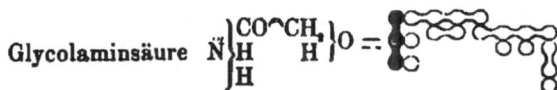

Glycocoll $\ddot{N}\begin{Bmatrix}CO\frown CH_2\\ H \quad\quad H\\ H\end{Bmatrix}O =$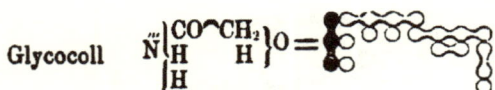

Glycolamid $\overset{'''}{N_2}\begin{Bmatrix}CO\frown CH_2\\ H_2\\ H_2\end{Bmatrix} =$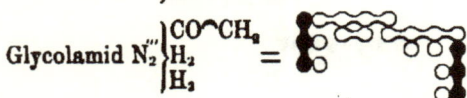

Glycolbiuret $\ddot{N}_3[2(CO\frown CH_2).H_5] =$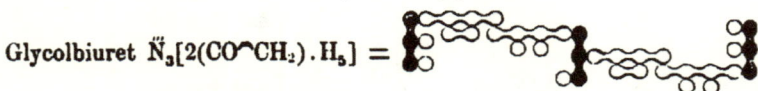

$\ddot{N}_4[3(CO\frown CH_2).H_6] =$

Milchsäure $\begin{matrix}CO\frown CH\frown CH_3\\ H\end{matrix}\Big\}O_2 = \begin{matrix}CO\frown CH|\frown CH_3\\ H|O\\ H\end{matrix}\Big\}O =$

Fleischmilchsäure $\begin{matrix}CO\frown CH_2\frown CH_2\\ H_2\end{matrix}\Big\}O_2 =$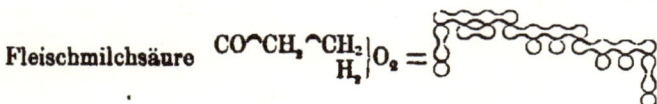

Malonsäure $\begin{matrix}CO\frown CH_2\frown CO\\ H_2\end{matrix}\Big\}O_2 =$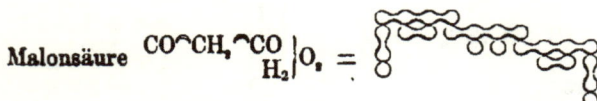

Propionsäure $\begin{matrix}CO\frown CH_2\frown CH_3\\ H\end{matrix}\Big\}O =$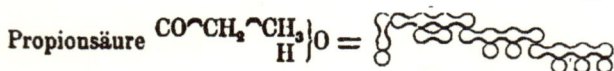

Acrylsäure $\begin{matrix}CO\frown\ddot{C}\frown CH_2\\ H\end{matrix}\Big\}O =$

Tartronsäure $\begin{matrix}CO\frown CH\frown CO\\ H|O\\ H_2\end{matrix}\Big\}O_2 =$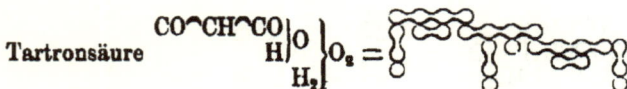

Brenztraubensäure $\begin{matrix}CO\frown CO\frown CH_3\\ H\end{matrix}\Big\}O =$

Carbacetoxylsäure $\begin{matrix}CO\frown CO\frown CH_2\\ H\quad|O\\ H\end{matrix}\Big\}O =$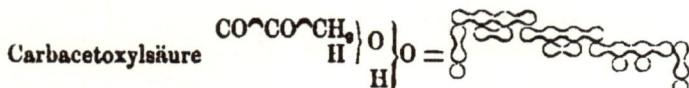

Mesoxalsäure $\begin{matrix}CO\frown CO\frown CO\\ H_2\end{matrix}\Big\}O_2 =$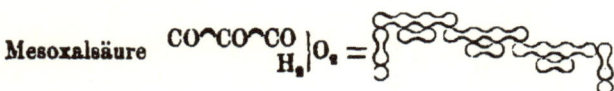

Aloxansäure $\ddot{N}_2 \left.\begin{matrix} CO \\ CO\frown CO\frown CO \\ H_2 \qquad H \end{matrix}\right\} O \cdot H =$

Harnstoff $\ddot{N}_2 \left.\begin{matrix} CO \\ H_2 \\ H_2 \end{matrix}\right\} =$

Biuret $\overset{u}{N}_2 (CO \cdot CO \cdot H_5) =$

Cyanuramid $\ddot{N}_3 \left.\begin{matrix} Cy_3 \\ H_3 \\ H_3 \end{matrix}\right\} =$

Ammelin $N_3 \left.\begin{matrix} Cy_3 \\ H \\ H_2 \\ H_2 \end{matrix}\right\} O =$

Ammelid $N \left.\begin{matrix} Cy_3 \\ H_2 \\ H_2 \end{matrix}\right\} O_2 =$

Cyanursäure $\left.\begin{matrix} Cy_3 \\ H_3 \end{matrix}\right\} O_3 =$

Salpetersaurer Harnstoff $\left.\begin{matrix} NO_2 \\ \overset{5}{N}\frown\ddot{N}(CO \cdot H_5) \end{matrix}\right\} O =$

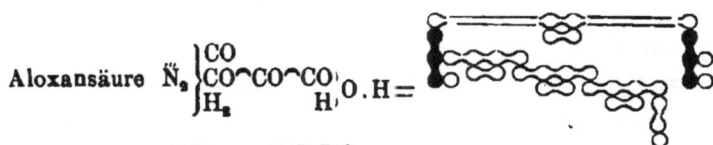

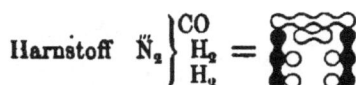

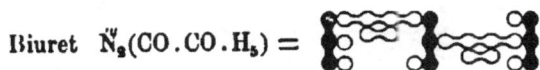

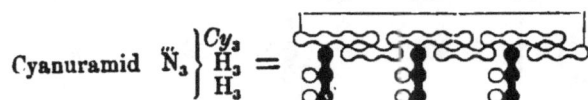

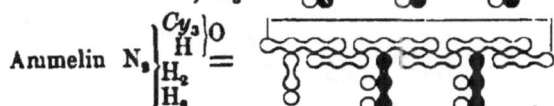

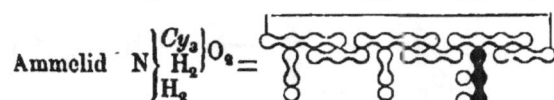

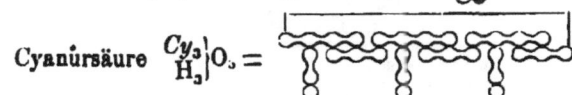

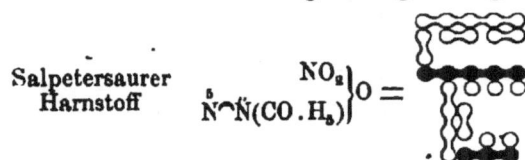

Harnstoff gibt mit Quecksilber drei Verbindungen:

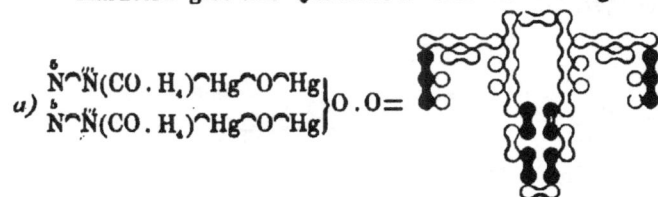

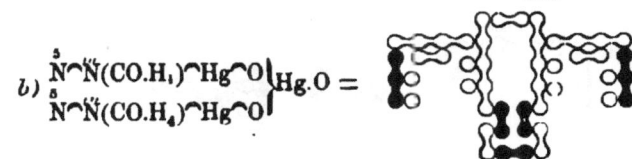

a) $\left.\begin{matrix} \overset{5}{N}\frown\overset{u}{N}(CO \cdot H_4)\frown Hg\frown O\frown Hg \\ \overset{5}{N}\frown\ddot{N}(CO \cdot H_4)\frown Hg\frown O\frown Hg \end{matrix}\right\} O \cdot O =$

b) $\left.\begin{matrix} \overset{5}{N}\frown\overset{u}{N}(CO \cdot H_4)\frown Hg\frown O \\ \overset{5}{N}\frown\ddot{N}(CO \cdot H_4)\frown Hg\frown O \end{matrix}\right\} Hg \cdot O =$

34

$$c)\quad \left.\begin{array}{l}\overset{5}{N}\frown\overset{...}{N}(CO.H_4)\frown Hg\\\overset{5}{N}\frown\overset{}{N}(CO.H_4)\frown Hg\end{array}\right\}O.O\ =\ O\left|\begin{array}{l}\overset{5}{N}\frown N(CO.H_4)\frown Hg\\N\frown N(CO.H_4)\frown Hg\end{array}\right|O.$$

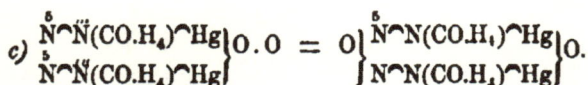

Mit salpetersauren Quecksilberoxyd kennen wir nach LIEBIG:

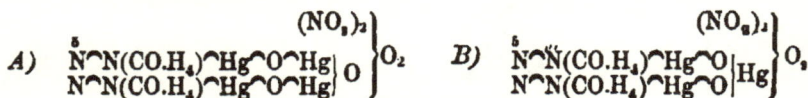

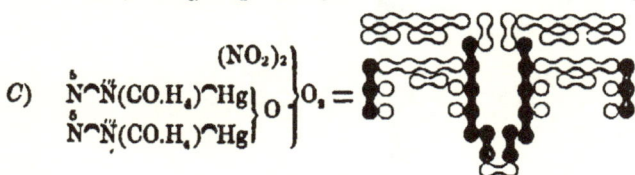

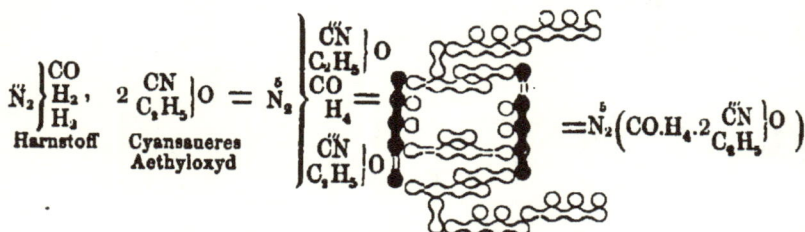

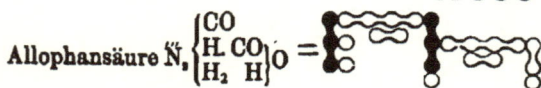

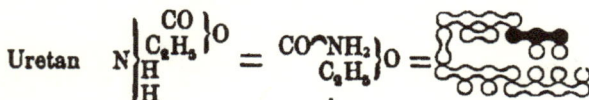

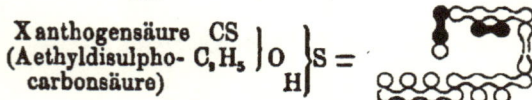

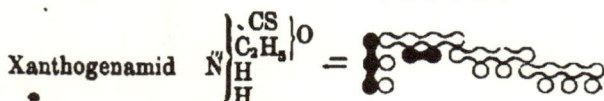

$$A)\quad \left.\begin{array}{l}\overset{5}{N}\frown N(CO.H_4)\frown Hg\frown O\frown Hg\\N\frown N(CO.H_4)\frown Hg\frown O\frown Hg\end{array}\right\}^{(NO_3)_2}O\Big\}O_2 \qquad B)\quad \left.\begin{array}{l}\overset{5}{N}\frown \overset{..}{N}(CO.H_4)\frown Hg\frown O\\N\frown N(CO.H_4)\frown Hg\frown O\end{array}\right\}^{(NO_3)_4}Hg\Big\}O_3$$

$$C)\quad \left.\begin{array}{l}\overset{5}{N}\frown\overset{..}{N}(CO.H_4)\frown Hg\\\overset{5}{N}\frown\overset{..}{N}(CO.H_4)\frown Hg\end{array}\right\}^{(NO_2)_2}O\Big\}O_3 =$$

$$\overset{..}{N}_2\left\{\begin{array}{l}CO\\H_2\\H_2\end{array}\right.,\quad 2\begin{array}{l}CN\\C_2H_5\end{array}\Big\}O\ =\ \overset{5}{N}_2\left\{\begin{array}{l}\overset{...}{CN}\\C_2H_5\\CO\\H_4\\\overset{...}{CN}\\C_2H_5\end{array}\right.\begin{array}{l}O\\ \\ \\= \\ \\O\end{array} \quad =\overset{5}{N}_2\Big(CO.H_4.2\begin{array}{l}\overset{...}{CN}\\C_2H_5\end{array}\Big|O\Big)$$

Harnstoff   Cyansaueres Aethyloxyd

Allophansäure $\overset{..}{N}_2\left\{\begin{array}{l}CO\\H.CO\\H_2\ H\end{array}\right\}O =$

Uretan $N\left\{\begin{array}{l}CO\\C_2H_5\\H\\H\end{array}\right\}O\ =\ \begin{array}{l}CO\frown NH_2\\C_2H_5\end{array}\Big\}O =$

Xanthogensäure (Aethyldisulpho-carbonsäure) $\begin{array}{l}CS\\C_2H_5\\H\end{array}\Big\}O\Big\}S =$

Xanthogenamid $\overset{...}{N}\left\{\begin{array}{l}.CS\\C_2H_5\\H\\H\end{array}\right\}O =$

Sie giebt mit Kupferchlorid

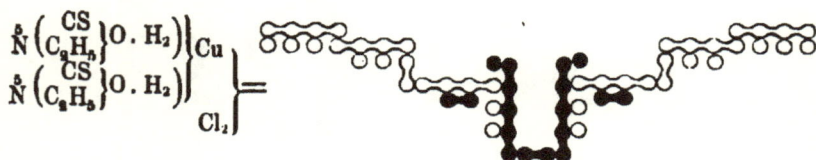

$$\left.\begin{array}{l}\overset{5}{N}\Big(\begin{array}{l}CS\\C_2H_5\end{array}\Big|O.H_2\Big)\\\overset{5}{N}\Big(\begin{array}{l}CS\\C_2H_5\end{array}\Big|O.H_2\Big)\end{array}\right\}\begin{array}{l}Cu\\ \\Cl_2\end{array}\Big| =$$

Sarkosyn $N \left. \begin{matrix} H \\ CH_2 \frown CO \\ CH_3 \end{matrix} \right\} O =$

Alanin $N \left. \begin{matrix} CH_3 \frown CH \frown CO \\ H \\ H \end{matrix} \right\} O = \begin{matrix} CH_3 \frown CH \\ H \end{matrix} \left| N \begin{matrix} \frown CO \\ H \end{matrix} \right\} O$

Glycerin $\left. \begin{matrix} C_3H_5 \\ H_3 \end{matrix} \right\} O_3 = \begin{matrix} CH \frown CH_2 \frown CH_2 \\ H_3 \end{matrix} \left. \right\} O_3 =$

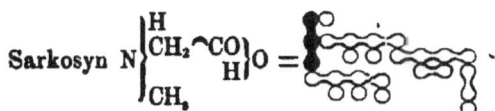

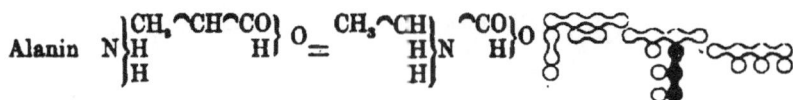

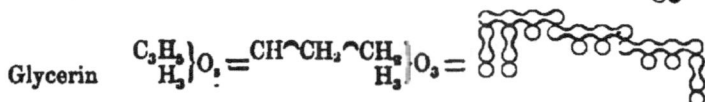

Dem Glycerin habe ich desshalb diese Formel gegeben, weil nur aus dieser die Bildung der Glycerinsäure, welche 3atomig aber einbasisch ist, sich erklären lässt.

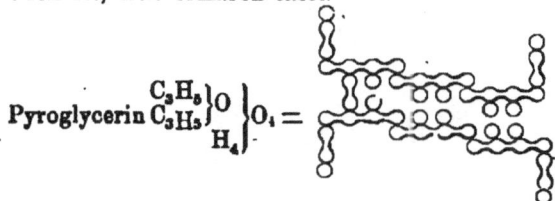

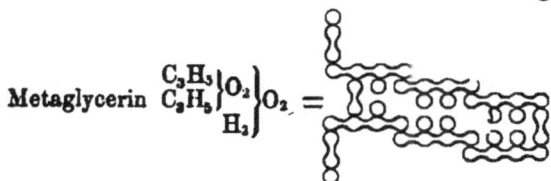

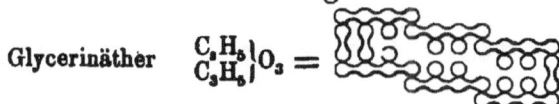

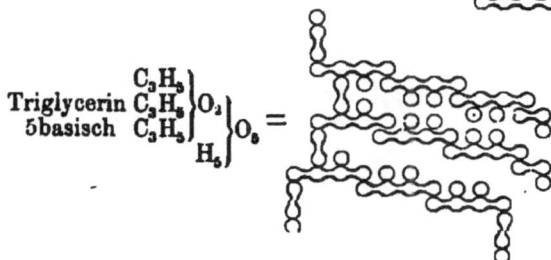

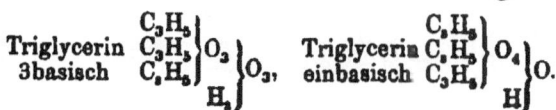

Pyroglycerin $\left. \begin{matrix} C_3H_5 \\ C_3H_5 \\ H_4 \end{matrix} \right| O \left. \right\} O_4 =$

Metaglycerin $\left. \begin{matrix} C_3H_5 \\ C_3H_5 \\ H_2 \end{matrix} \right| O_2 \left. \right\} O_2 =$

Glycerinäther $\left. \begin{matrix} C_3H_5 \\ C_3H_5 \end{matrix} \right| O_3 =$

Triglycerin 5basisch $\left. \begin{matrix} C_3H_5 \\ C_3H_5 \\ C_3H_5 \\ H_5 \end{matrix} \right\} O_5 \left. \right\} O_5 =$

Triglycerin 3basisch $\left. \begin{matrix} C_3H_5 \\ C_3H_5 \\ C_3H_5 \\ H_3 \end{matrix} \right\} O_3 \left. \right\} O_3$, Triglycerin einbasisch $\left. \begin{matrix} C_3H_5 \\ C_3H_5 \\ C_3H_5 \\ H \end{matrix} \right\} O_4 \left. \right\} O$.

Trichlorhy- C_3H_5, Tetrachlor- C_3H_5 O Epichlor- C_4H_5 O_2
drin Cl_3 hydrin C_3H_5 Cl_4, hydrin C_4H_5 Cl_2

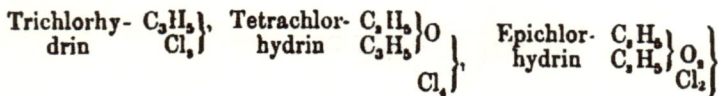

Chlorhydrin C_3H_5 O_2 H_2 Cl, Dichlorhy- C_3H_5 O H Cl_2 =

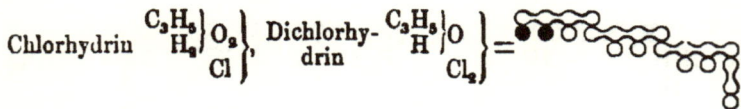

C_2H_5 O C_3H_5 O_2 H_3 Cl, C_3H_5 O C_3H_5 O_8 H_4 Cl_2, C_3H_5 O C_3H_5 O H Cl_3.

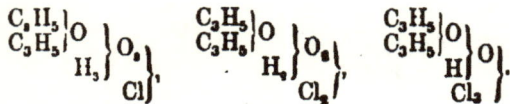

Jodhydrin C_3H_5 O_2 C_3H_5 O H J =

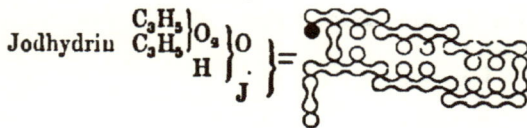

Glycerinmonoschwefli- SO
ge Säure H. C_3H_5 O_2 O_2 =
H_2

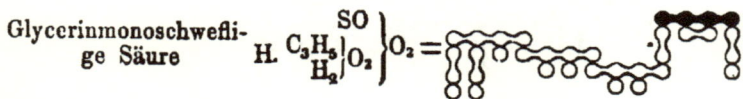

Glycerinphosphor- PO
säure H. C_3H_5 O_4 O_3 =
H_2

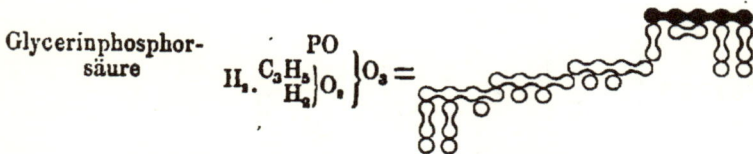

Glycerylamin $\ddot{N}$ C_3H_5 O_2 H_4 H H =

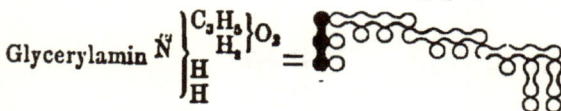

Bromwasserstoffsaures $\overset{5}{N}$ $\left(C_3H_5 \atop H_2\right)$ $O_4.H_3$ Br =
Glycerylamin

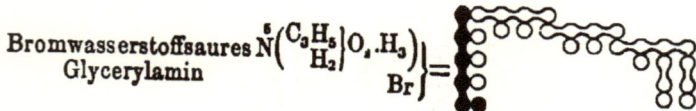

Hemichlorhydramid N C_3H_5 O_2 C_3H_5 H_2 Cl =

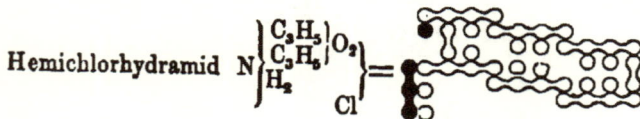

Glycerinsäure $CO\frown CH_2\frown CH$ O_2 O =
H_2 H

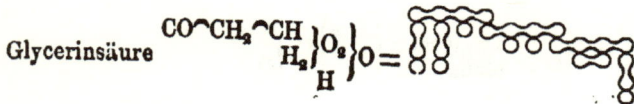

Karbal-CO⌢C(H.CO)⌢2CH$_2$⌢CO | O$_3$ =
lylsäure   H$_3$ |

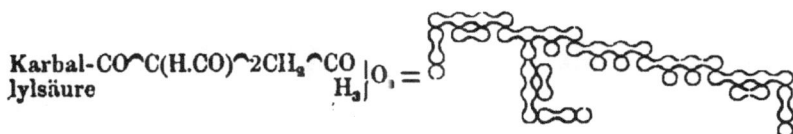

sie ist eine dreibasische Säure, weil in ihr drei Atome Waser-
stoffs durch den Sauerstoff mit Säureradical (CO) verbunden sind.

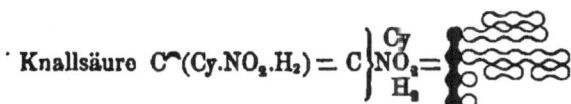

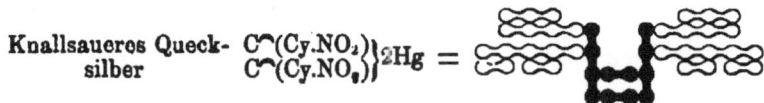

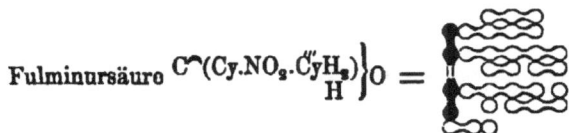

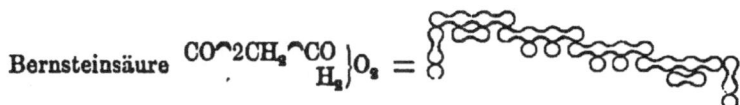

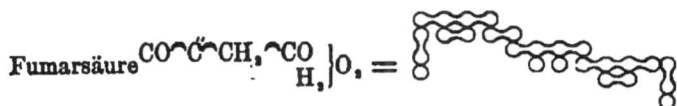

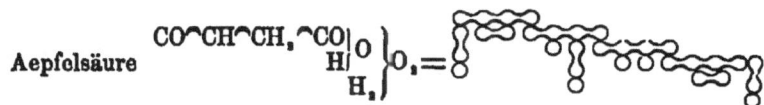

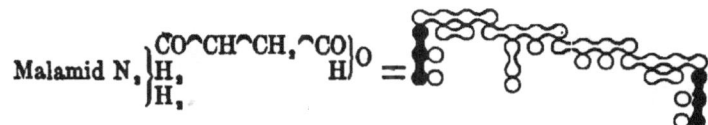

Knallsäure   C⌢(Cy.NO$_2$.H$_2$) = C $\begin{vmatrix} Cy \\ NO_2 \\ H_2 \end{vmatrix}$ =

Knallsaueres Queck-   C⌢(Cy.NO$_2$) } 2Hg =
     silber   C⌢(Cy.NO$_2$) }

Fulminursäure $\begin{matrix} C⌢(Cy.NO_2.C''_yH_2) \\ H \end{matrix}$ } O =

Bernsteinsäure $\begin{matrix} CO⌢2CH_2⌢CO \\ H_2 \end{matrix}$ } O$_2$ =

Fumarsäure $\begin{matrix} CO⌢C''⌢CH_2⌢CO \\ H_2 \end{matrix}$ } O$_2$ =

Aepfelsäure $\begin{matrix} CO⌢CH⌢CH_2⌢CO \\ H \\ H_2 \end{matrix} \begin{matrix} \\ O \end{matrix}$ } O$_2$ =

Malamid N$_2$ $\begin{vmatrix} CO⌢CH⌢CH_2⌢CO \\ H_2 \\ H_2 \end{vmatrix} \begin{matrix} \\ H \end{matrix}$ } O =

Salpetersäures **Asparaginkalium**

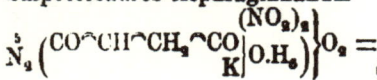

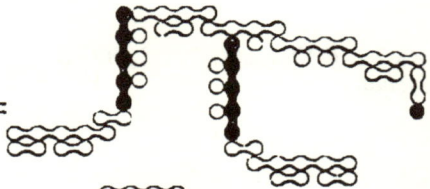

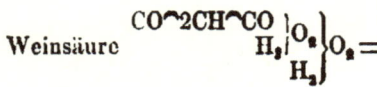

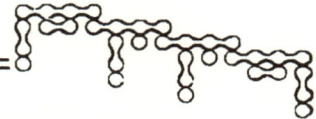

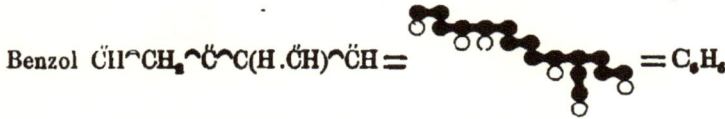

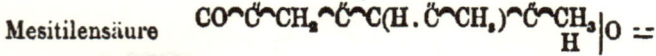

$$\overset{5}{N}_2 \left(CO^\frown CH^\frown CH_2 {}^\frown CO \Big| \overset{(NO_2)_2}{\underset{K}{}} \Big| O.H_6 \right) \Big\} O_2 =$$

Asparaginsäure $N \Big| \overset{CO^\frown CH^\frown CH_2 CO}{\underset{H}{\overset{H}{}}} \quad H_2 \Big| O_2 =$

Weinsäure $\overset{CO^\frown 2CH^\frown CO}{\underset{H_2}{}} \Big| \overset{O_2}{\underset{H_2}{}} \Big\} O_2 =$

Benzol $\ddot{C}H^\frown CH_2{}^\frown \ddot{C}{}^\frown C(H.\ddot{C}H)^\frown \ddot{C}H =$ $= C_6 H_6$

Mesitylen $CH_2{}^\frown \ddot{C}{}^\frown CH_2{}^\frown \ddot{C}{}^\frown C(H.\ddot{C}{}^\frown CH_3)^\frown \ddot{C}{}^\frown CH_3$

$=$ $= C_6 H_3 \Big\} \overset{CH_3}{\underset{CH_3}{\overset{CH_3}{}}}$

Mesitilensäure $CO^\frown \ddot{C}{}^\frown CH_2{}^\frown \ddot{C}{}^\frown C(H.\ddot{C}{}^\frown CH_3)^\frown \ddot{C}{}^\frown \underset{H}{CH_3} \Big| O =$

$=$ $= C_6 H_3 \Big\} \overset{CO}{\underset{CH_3}{\overset{H}{\underset{}{CH_3}}}} \Big\} O$

Uvitinsäure $CO^\frown \ddot{C}{}^\frown CH_2{}^\frown \ddot{C}{}^\frown C(H.\ddot{C}{}^\frown CH_3)^\frown \ddot{C}{}^\frown \underset{H_2}{CO} \Big\} O_2 =$

$=$ $= C_6 H_3 \Big\} \overset{CO}{\underset{CH_3}{\overset{H}{\underset{}{\overset{CO}{H}}}}} \Big\} \overset{O}{\underset{}{O}}$

Trimesinsäure $\quad CO\frown C\frown CH, \frown C\frown C(H.C\frown CO)\frown C\frown CO \atop \quad\quad\quad\quad\quad\quad\quad\quad\quad\quad\quad H_3 \}O_3 =$

$$= \quad\quad\quad\quad\quad\quad\quad\quad = C_6H_3 \begin{cases} CO \}O \\ H \\ CO \}O \\ O \\ CO \}O \\ H \end{cases}$$

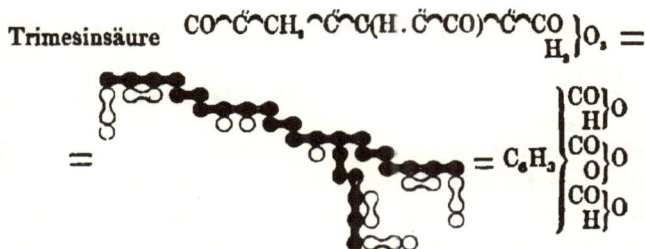

Diese wenigen Beispiele, die ich meinem Werke: *Chemija orga-
niczna, Kraków 1866*, entnahm, werden hinlänglich beweisen, dass meine
Formeln viel einfacher, fasslicher, den bekannten Thatsachen, entspre-
chender und selbst im Drucke praktischer sind, als die Formeln, die
heutzutage von verschiedenen Chemikern nach der Typentheorie zusam-
mengestellt werden. Die grafischen Formeln erleichtern auch in einem
viel höherem Grade die Auffassung der chemischen Prozesse, als dies
bei den Buchstabenformeln möglich ist.

———————

Ich sehe mich genöthigt einige Formeln, die ich in meiner Broschüre: *Neue chemische Theorie durchgeführt durch alle unorganischen
Verbindungen in allgemeinen Formeln, Krakau 1864*, aufgestellt habe, zu
rechtfertigen.

Ich nehme desshalb das Silber in den Verbindungen als zweiatomiges Radikal Ag=216 und nicht als einatomiges Ag=108 an, wie bis
jetzt allgemein üblich ist, — weil das Silber, wenn auch selten, aber
doch auch in basischen Verbindungen vorkommt, und auch eine Verbindung von zwei Aequivalenten Silber mit einem Aequivalente Sauerstoff — das so genannte Silberoxydul — bekannt ist, welches in Mole-
kularformel nur als eine chemische Verbindung von der Formel Ag_2O

= angenommen werden kann. Und ebenso wie die einbasischen

Säuren, ihrer Natur nach, nicht saucre Salze geben können; können ·
auch die einatomigen Radikale keine basischen Salze bilden; weil
aber basische Verbindungen des Silbers bekannt sind, so muss das
Silber zweiatomig sein.

Es wird allgemein für Stickstoffoxyd die Formel NO, für Untersalpetersäure NO_2 angenommen, und zwar gestützt nur auf ihren Gas-
dichten. — Ich aber verdopple die früheren Formeln und gebe den

Stickstoffoxyd die Formel $\left.\begin{array}{l}NO\\NO\end{array}\right\}$ = ⬬⬬⬬, der Untersalpetersäure

$\left.\begin{array}{l}NO_2\\NO\end{array}\right\}O$ = ⬬⬬⬬ und bringe dafür folgende Gründe vor.

a) Weil es möglich ist, dass diese Verbindungen in hoher Temperatur ähnlich wie Salmiak, Phosphorchlorid u. s. w. sich zersetzen und neue Körper bilden, die beim Abkühlen der Gase in ursprüngliche Verbindungen übergehen; besonders da die Untersalpetersäure bei gegewöhnlicher Temperatur pomaranzgelb ist, bei steigender Temperatur aber immer dunkler wird.

b) Weil man aus der Formel NO nicht erklären kann, warum das Stickstoffoxyd, obgleich es eine höhere Oxydationsstuffe des Stickstoffs ist, als Stickstoffoxydul, dessenungeachtet den Sauerstoff stärker zusammenhält als das Letztere, — was jedoch aus meiner Formel ersichtlich ist,

c) Weil die Untersalpetersäure schon bei gewöhnlicher Temperatur mit Wasser in Berührung in Salpetersäure und salpetrige Säure zerfällt — also höchst wahrscheinlich die Radikale dieser Säuren in sich enthält, was aus meinen Formeln klar hervortrit.

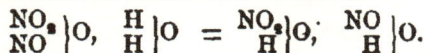

$$\left.\begin{array}{l}NO_2\\NO\end{array}\right\}O, \quad \left.\begin{array}{l}H\\H\end{array}\right\}O = \left.\begin{array}{l}NO_2\\H\end{array}\right\}O, \quad \left.\begin{array}{l}NO\\H\end{array}\right\}O.$$

d) Weil Stickstoffoxyd auch bei gewöhnlicher Temperatur sich sehr leicht mit Sauerstoff zu Untersalpetersäure verbindet, was man schon à priori aus meinen Formeln muthmassen könnte:

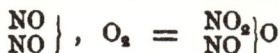

$$\left.\begin{array}{l}NO\\NO\end{array}\right\}, \quad O_2 = \left.\begin{array}{l}NO_2\\NO\end{array}\right\}O$$

indem in Stickstoffoxyd nach meiner *Formel* zwei Säure-Radikale der salpetrigen Säure vorhanden sind, und wie wir wissen kann der dreiatomige Stickstoff leicht in einen fünfatomigen sich umwandeln.

e) Weil diese Aenderung der Atomität des Stickstoffs in einatomiges, dreiatomiges und fünfatomiges Radikal, nicht nur durch sehr viele Stickstoff verbindungen begründet ist, sondern auch unserer Theorie ganz entspricht.

Ich glaube genug Gründe zur Rechtvertigung meiner Formeln angeführt zu haben. Und bin der Ansicht, dass die theoretischen Formeln einer Verbindung nur dann einen Chemiker befriedigen können, wenn sie allen ihren Eigenschaften, den Bildungs- und Zersetzungsprodukten entsprechen. Nach der Theorie kann man einer Verbindung auch mehrere Formeln geben, die ihr entsprechen; jedoch nur diese hat für sich eine Wahrscheinlichkeit, die den Eigenschaften derselben nicht zuwider ist. Es wird sich aber, wie ich hoffe, keine genau durchforschte Verbindung finden, die nicht nach der Atomität (wie ich sie Seite 22 nach meiner Theorie entwickelte) ihrer Bestandtheile zusammengesetzt wäre, was gegen meine Theorie sprechen würde.

Meine chemische Theorie erklärt nicht nur die chemischen Thatsachen, sondern sie wirft auch Licht auf viele physikalischen Erscheinungen, die bis zu dieser Zeit keine wissenschaftliche Erklärung gefunden haben.

1) Da wir bei unseren Atomen eine zu ihrem Wesen gehörende Rotationsbewegung annahmen, die bei chemischen Verbindungen zu Molekülen in eine Rotationsspannung übergieng (siehe Seite 17); so musste die chemische Rotation der Atome in den, aus ihnen entstandenen Körpern in eine physikalische Rotation übergehen, wie wir sie an den Himmelskörpern antreffen. Die Himmelskörper rotiren also nach unserer Theorie mit der, bei ihrer Entstehung aus den Atomen erhaltenen Geschwindigkeit, und sie kann, wie jede erhaltene oder physikalische Rotirung, einmal vernichtet, nicht mehr von selbst entstehen. Da aber alle Himmelskörper von Westen nach Osten rotiren, so mussten auch unsere Atome eine Rotirung in derselben Richtung haben.

2) Da die Anziehung und die Rotation complementäre Wirkungen der Atome sind, d. h. da die Atome (Radikale) desto mehr sich anziehen, je geringer ihre chemische Rotation ist, und umgekehrt; so folgt daraus:

a) dass die aus Atomen entstandenen Körper der 1ten Reihe amstärksten chemisch verbunden sein müssen, denn in ihnen ist die Spannung der Rotationsbewegung der Atome die grösste dagegen die wechselseitige Anziehung der Moleküle oder deren mechanische Verbindung die kleinste (siehe Seite 21); da die Letztere von der Anzahl der in einem Molekül enthaltenen Atome abhängt. Es wird also in dem Masse, je höherer Reihe die Verbindung ist, desto schwächer deren chemischer Zusammenhang und desto stärker der mechanische sein.

b) dass die Körper im Momente der chemischen Verbindung, bevor die Radikale des einen mit denen des anderen Körpers sich verbinden, wobei sie die rotirende Bewegung erlangen, etwas leichter sein müssen und zwar desto leichter, je weniger zusammengesetzte Radikale sich chemisch verbinden Es würde uns also nicht wundern, wenn durch genaue Wägungen genügend constatirt würde, dass der thierische Organismus in seiner vollen Blüthe etwas weniger wiege, als derselbe nach dem Tode.

3) Die Verbindungen der 1ten Reihe werden natürlich aus den Molekülen der geringsten Atomzahl zusammengesetzt sein, welche sich mittelst der Anziehung mit einander unmittelbar berühren müssen, und Körper erzeugen, deren Moleküle mechanisch nur schwach mit einander verbunden sind, was aus dem Vorangehenden erfolgt.

So ein Körper der 1ten Reihe wäre seiner Natur nach äusserst elastisch, in seinen Theilchen sehr leicht bewegbar, denn die einzelnen Moleküle wären nur sehr schwach und zwar unmittelbar mit einander verbunden, und desshalb zur Annahme äusserst schneller und kurzer Vibrationen fähig. Ein Körper von solchen Eigenschaften entspricht allen Bedingungen, welche wir vom Weltaether fordern. Die Körper der 1ten Reihe werden nach unserer Theorie den Weltaether bilden, welcher aus einem oder, ähnlich unserer athmospherischen Luft, aus mehreren Körpern mechanisch verbunden bestehen kann.

4) Erwägen wir nun jetzt, wie sich die Moleküle uns bekannter Körper zu dem Weltäther verhalten müssen.

Die Moleküle der Elemente müssen als Verbindungen der n^{ten} Reihe eine viel grössere gegenseitige Anziehung besitzen als die Moleküle des Weltaethers unter einander, denn die Ersteren sind aus einer viel grösseren Anzahl ursprünglicher Atome zusammengesetzt.

Wir wissen aus der Physik, dass die Moleküle einiger Körper eine grössere Adhäsion besitzen als Anderer, so z. B. verdichten sich die Gase auf der Oberfläche und in den Poren der festen und flüssigen Körper mehr oder weniger, je nach ihrer Beschaffenheit; das Chlorcalcium hat eine so grosse Anziehung zum Wasser, dass es dieses in einer sehr grossen Menge der Luft entzieht und in derselben zerfliesst; so auch zerfliessen viele feste Körper in einer beliebigen Menge Wasser zu einer gleichförmigen Lösung. Diese genau bekannten Erscheinungen kann man nicht anders erklären, als nur durch eine grössere Anziehung der verschiedenartigen Moleküle zu einander; so z. B. können die Moleküle des Kochsalzes, ihrer Natur nach, eine nach und nach grössere Anzahl der Moleküle des Wassers an sich ziehen—sich mit ihnen umgeben,—wobei die Moleküle des Kochsalzes von einander sich immer weiter entfernen und sogar bei gewisser Entfernung ganz ihre gegenseitige Anziehung verlieren, wobei sie sich im Wasser völlig auflösen (zertheilen) müssen. Es haben also unter gewissen Umständen die ungleichartigen Moleküle eine viel grössere Anziehung (Adhäsion) als die gleichartigen untereinander.

Diese und ähnliche Erscheinungen erklären hinlänglich, wie sich Moleküle uns bekannter Körper gegenüber denen des Weltaether verhalten: so lösen sich die Moleküle einiger Körper im Weltäther genau in derselben Art auf, wie das Kochsalz im Wasser; andere verbinden sich nur unter gewissen Bedingungen mit einer gewissen Anzahl der Aether-Moleküle und geben flüssige Körper; noch andere aber können sich mechanisch mit einer noch kleineren Anzahl der Aether-Moleküle verbinden — sich damit umhüllen — und geben feste Körper. Dies geschieht in der Art: dass im 1ten Falle die Anziehung der Moleküle z. B. des Sauerstoffs zu den Molekülen des Aethers so gross wird, dass diese sich in einer grösseren Anzahl um die Moleküle des Sauerstoffes sammeln, und dadurch entfernen sie die Moleküle des Sauerstoffs von einander so weit, dass diese endlich die gegenseitige Anziehung ganz verlieren, und der Sauerstoff zertheilt sich im Aether gänzlich — einen gasigen Körper bildend. Im zweiten Falle können die Moleküle eines Körpers z. B. des Wassers bei gewissen Verhältnissen nur eine solche Anzahl von Aethermolekülen an sich ziehen, dass die Anziehung der einzelnen Moleküle des Wassers in einer gewissen Entfernung mehr weniger bis nahe zu Null herabsinkt und das Wasser einen flüssigen Zustand darstellt. Endlich im 3ten Falle, wenn Moleküle eines Körpers z. B. des Eisens, unter bestimmten Umständen nur eine solche Anzahl der Aether-Moleküle an sich ziehen, dass dadurch die einzelnen Eisen — Moleküle von einander nur so weit entfernt werden, dass ihre gegenseitige Anziehung nicht vernichtet wird; entsteht ein mehr oder weniger fester Körper.— Nicht nur die Moleküle des Aethers, sondern auch eines anderen Körpers (mag er gasig oder flüssig d. h. im Aether schon aufgelöst sein) können zu den Molekülen eines bestimmten Körpers nach Umständen so grosse Anziehung haben, dass sie ihn unter sich zertheilen — auflösen — was wir täglich in der Natur beobachten können.

Auf diese Art lässt sich der gasartige, flüssige und feste Zustand der Körper erklären; zugleich die Ursache angeben, warum Moleküle der Körper nicht unmittelbar mit einander vereinigt sind. Man wird daraus auch leicht begreifen, dass bei einer grösseren Beweglichkeit der Aethertheilchen (Wärme) die gleichartigen Moleküle der Körper leichter durch Anlagerung der grösseren Aetherschichte von einander entfernt; bei einer ruhigerer Beschaffenheit der Aethertheilen (Kälte) dieselben in Folge ihrer Anziehung sich einander wieder mehr nähern werden.

5) Der leichteste aller uns bekannten Körper, den wir noch in unseren Gefässen auffangen und wägen können, ist der Wasserstoff. Körper, welche leichter sind— aus kleineren Molekülen bestehen— als Wasserstoff, und alle uns bekannten Stoffe durchdringen, nennen wir gewöhnlich Weltaether. Es entsteht die Frage ob der Aether aus einem oder mehreren Körpern besteht?

Wir sind der Ansicht unserer Theorie folgend, dass der Aether wenigstens aus 4 Körpern mechanisch zusammengesetzt ist, und zwar aus dem Grunde, weil wir 4 Erscheinungen kennen, die auf Schwingungen des Aethers beruhen, nämlich Licht, Wärme, Elektrizität und Magnetismus, und diese Erscheinungen sind nicht nur der Quantität, sonder auch der Qualität nach von einander verschieden, was nicht sein könnte, wenn der Aether nur aus einem Körper zusammengesetzt wäre.

Nach unserer Theorie (Seite 18 — 24) verbinden sich die Atome (Uratome) mit einander und erzeugen: 1) den Körper a, dessen Moleküle aus 2 Atomen bestehen. Diese Moleküle müssen sich, wie wir früher gezeigt haben, unmittelbar berühren und einen äusserst leicht bewegbaren Körper bilden; 2) den Körper b, deren Moleküle aus vier Atomen bestehen. Die Moleküle dieses Körpers müssen in dem Körper a zertheilt (aufgelöst) sein (nach Seite 38) — in gewissen Abständen von einander sich befinden und einen sehr elastischen Körper bilden; 3) den Körper c, deren Moleküle aus 6, und den Körper d, deren Moleküle aus 8 Atomen chemisch zusammengesetzt sind. Beide diese Körper müssen in den Körpern a und b sich zertheilen (auflösen), so dass ihre Moleküle nach Umständen in grösseren oder kleineren Abständen von einander entfernt bleiben, und elastische, zusammendrückbare Körper bilden.

Diese 4 Körper nach der Art unserer Atmosphäre mechanisch verbunden, würden den Weltäther geben.

Der Körper a des Weltaethers ist seiner Natur nach, wie aus unserer Theorie hervorgeht, nicht verdichtbar, umgibt Moleküle aller Körper, ist der feinste — er ist der wahrscheinliche Lichtträger. Der Körper b ist verdichtbar, kann von den Molekülen der uns bekannten Körper ihrer Natur nach mehr oder weniger angezogen werden — er ist wahrscheinlich der Wärmeträger. Die Körper c und d wären. der Erste Leiter der Elektrizität, der Zweite der des Magnetismus, und je mehr von den Molekülen des Körpers c oder d die Moleküle eines uns bekannten Körpers seiner Natur nach anzuziehen vermögen, ein desto besserer Leiter der Elektrizität und des Magnetismus ist derselbe.

Licht- und Wärme-Erscheinung bei den chemischen Verbindungen werden nach meiner Theorie sehr einfach erklärt: Nehmen wir z. B. an, dass Natriumoxyd sich mit Salzsäure zu Chlornatrium und Wasser verbindet nach der Gleichung

$$Na_2O,\ 2HCl = 2NaCl,\ H_2O;$$

so müssen dabei die Radikale der einzelnen Moleküle, die durch den Aether in gewissen Entfernungen von einander gehalten werden, vor ihrer Verbindung mit neuen Radikalen in Freiheit gesetzt werden, dabei ihrer Natur nach in rotirende Bewegung übergehen und den Weltaether (Körper a, b) in Schwingungen versetzen, die als Wärme und Licht erscheinen.

Durch die aus meiner Theorie als eine nothwendige Folge sich ergebende Annahme: das der Weltäther ein mechanisch zusammengesetzter Körper ist, wird vieleicht erklärlich: warum einige Körper Lichtstrahlen aber keine Wärmestrahlen oder umgekehrt, durchlassen, warum einige Körper leuchten aber nicht wärmen, warum im Lichtspectrum sich ein ähnliches Wärmespectrum befindet u. s. w. Auch alle Abstossungserscheinungen können durch blosse Anziehung erklärt werden, und man wird nicht genöthigt, in den Molekülen zugleich die Anziehung und Abstossung anzunehmen.

Diese aus unserer Theorie (in der wir nicht nur die Anziehung, sondern auch die rotirende Bewegung der Atome als Naturgesetz annehmen) sich nothwendig entwickelten Folgerungen, stehen, mit den in den Wissenschaften bekannten Thatsachen nicht nur nicht im Widerspruche; sondern scheinen uns sehr vieles auf eine sehr einfache Art zuerklären, was früher gar keine Erklärung hatte. Diese jetzt nur flüchtig angedeuteten Ansichten über Weltäther werden vieleicht hinreichen, um tüchtigere und tiefere Kräfte als die meinen auf diese Bahn der Forschung zu locken.

Diese Ausgabe betrachte ich auch als die Antwort auf die Abhandlung des Dr. Br. Radziszewski, die am 23 April l. J. in der Sitzung der Krakauer Gelehrten-Gesellschaft vorgelesen wurde. Da bereits der Druck dieser Ausgabe schon seit paar Tagen begonnen hat, so konnte ich nur bei der Correctur auf dieselbe Rücksicht nehmen. Ich bin dem H. Oponenten für alle Vorwürfe, die meine Theorie betreffen, grossen Dank schuldig, weil sie mir die Gelegenheit dargeboten haben, meine Theorie besser zu begründen. Ich habe nämlich auf seine Vorwürfe, betreffend — die Einheit der Materie, die rotirende Bewegung der Atome, die Aenderung der Atomität der Radikale, die Formeln für die Untersalpetersäure und das Glycerin, in dieser Abhandlung rücksicht genommen, und dieselben gründlich zu widerlegen, (wie es nur unter diesen Umständen möglich war), getrachtet. Wie dies mir aber gelungen ist, überlasse ich der Beurtheilung Anderer. Für die Vorwürfe des Oponenten, dass ich in meinem Lehrbuche mehrere mögliche Formeln für Weinsäure grafisch angegeben habe, dass meine im Jahre 1862 eingeführten grafischen Formeln mit denen des Dr. Kekulé gleich und identisch sind, dass ich die Beschreibung der Elemente mit Sauerstoff anfange, dass ich die Metalle in 6 Gruppen eintheile — habe ich keine Antwort; wie auch für die Gereiztheit, die in seiner ganzen Abhandlung hervortritt, dass ich gewagt habe einer anderen Ansicht zu sein als sein Lehrer und Meister. Dr. Radziszewski möge jedoch bedenken, dass in der Wissenschaft Niemand ein Monopol undnoch weniger die Unfählbarkeit besitzt, und dass jede Arbeit in guter Absicht unternommen für die Wissenschaft erwünscht ist, dass Theorien zu schaffen nicht jedem gegeben ist, und dass man dazu nicht weniger Befähigung und des chemischen Wissen benöthigt, als zur Hervorbringung der Derivaten aus der Phenylessigsäure, dass eine wissenschaftliche Arbeit nicht mit Frasen sich bekämpfen lässt, dass in der Wissenschaft die Vernunftgründe auf Thatsachen basirt, entscheiden und diese werden mir in der Kritik meiner Theorie immer sehr erwünscht sein.